Dieter Brandes
Einfach managen

Zu diesem Buch

Einfachheit ist der andere Weg, der Weg jenseits von Komplexität, Bürokratie und Mittelmäßigkeit. Für das Management der Einfachheit braucht man Mut und Konsequenz. Dieter Brandes räumt in seinem Bestseller radikal auf mit Scheinlösungen wie Wissensmanagement, dem Hang zur Perfektion und der Illusion vom Budgeting und warnt eindrucksvoll vor selbst erzeugter Komplexität im Wirtschaftsleben. Sein Gegenmodell: klare Ziele, Konzentration auf das Wesentliche, Verzicht auf Überflüssiges, Delegation, Dezentralisation, Vertrauen, Kundenorientierung. Denn Unternehmen wie Aldi, Ikea oder Dell beweisen: in der Einfachheit liegt der Schlüssel zum Erfolg!

Dieter Brandes war Geschäftsführer und Mitglied des Verwaltungsrates von Aldi Nord. Heute ist er selbständiger Berater für Strategie und Organisation sowie Autor der Bestseller »Einfach managen«, »Konsequent einfach. Die Aldi Erfolgsstory«, »Die 11 Geheimnisse des ALDI-Erfolgs« und »Alles unter Kontrolle«.
Weiteres zum Autor: www.konsequent-einfach.com

Dieter Brandes
Einfach managen

Klarheit und Verzicht – der Weg zum Wesentlichen

Piper München Zürich

Von Dieter Brandes liegen in der Serie Piper vor:
Einfach managen (4329)
Die 11 Geheimnisse des ALDI-Erfolgs (4516)

Ungekürzte Taschenbuchausgabe
1. Auflage März 2005
3. Auflage Juli 2007
© 2002 Wirtschaftsverlag Carl Ueberreuter, Frankfurt/Wien
Umschlag/Bildredaktion: Büro Hamburg
Isabel Bünermann, Heike Dehning,
Charlotte Wippermann, Katharina Oesten
Foto Umschlagvorderseite: Paul Edmondson/Getty Images
Druck und Bindung: Clausen & Bosse, Leck
Printed in Germany   ISBN 978-3-492-24329-2

www.piper.de

„Vollkommenheit entsteht nicht dann,
wenn man nichts mehr hinzufügen kann,
sondern, wenn man nichts mehr wegnehmen kann."
                    Antoine de Saint-Exupéry

Inhalt

Teil 4

Was brauchen wir für die Einfachheit?

Teil 5

Konkrete Anleitungen für die Praxis

Vorwort

Es gibt kein Vorwort.
Es geht sofort los.

Teil 1

Einfachheit

IST

der andere Weg

*E*infachheit ist der andere Weg, der Weg jenseits von Komplexität, Bürokratie und Mittelmäßigkeit. Hin zum Wesentlichen, zum Erfolg mit angemessenen Mitteln nach dem ökonomischen Prinzip. Der Weg der Einfachheit hat wenig zu tun mit vielen herkömmlichen Methoden des Managements. Viele Unternehmen arbeiten bürokratisch und kompliziert. Die Erfolge, die sie trotzdem erzielen, beruhen vor allem darauf, dass bei ihnen Menschen mit Erfahrung, Phantasie und gesundem Menschenverstand tätig sind.

Einfachheit als der andere Weg erfordert neues Denken, vielfach eine andere Kultur von Führung und Organisation. Jenseits von Angst und Perfektionismus, jenseits von der Illusion eines Wissensmanagements. Einfach ist nicht leicht. Denn Einfachheit braucht Klarheit, Dezentralisation und gesunden Menschenverstand. Die Arbeit nach den Prinzipien der Einfachheit braucht ein Menschenbild, in dem Vertrauen und die Gewährung von Freiheit und Autonomie die größte Rolle spielen muss. Menschen sind fähig und willig, das ist der Ausgangspunkt. Wer sich dieses Menschenbild, diese Kultur zu eigen macht, ist eher in der Lage, Einfachheit zu praktizieren.

Vereinfachung braucht ein Veränderungsprogramm. Das wird oft unterschätzt. Änderungen hin zur Einfachheit erfordern Anstrengungen. So ganz einfach ist das nicht. Die Rituale, fertige Antworten zu haben, müssen aufgegeben werden. Was das Verständnis für Aktivitäten in Richtung Einfachheit erschwert, sind nicht etwa komplizierte Anforderungen, sondern im Gegenteil, die einfachen Zusammenhänge und Verfahrensweisen können trügerisch simpel wirken und werden leicht als trivial abgetan. Herb Kelleher, Chef und Gründer von Southwest-Airlines, einem Unternehmen der Einfachheit[1]:

„Es ist interessant, die Leute von anderen Firmen besuchen uns bei Southwest und sagen, sie wollten eine ähnliche Unternehmenskultur wie bei uns aufbauen. Wir

erzählen ihnen, dass wir einfach nur die Leute richtig behandeln. Aber das klingt ihnen zu einfach. Sie suchen nach etwas Komplexem. Sie glauben es nicht".

Diesen und vielen anderen „Ungläubigen" fehlen die Vorstellungskraft und eigene Erfahrungen. „Versucht es doch einmal mit der Einfachheit", wäre ihnen zuzurufen. Macht es doch einfach! Einfachheit ist ein Mittel zum Erfolg. Ohne Mut geht es nicht, aber wer einmal überzeugt ist, dem fällt es leichter. Der wird souverän die Kritiker abwehren können, die meinen, komplexe Situationen könne man nicht mit Einfachheit bewältigen.

Leitfaden zur Einfachheit für jedermann

philosophische Grundlage

1. Mache nicht alles, was du machen kannst
2. Lerne verzichten
3. Suche das Wesentliche
4. Sei zunächst nicht perfekt
5. Sei konsequent
6. Hab Vertrauen zu dir und anderen
7. Sei mutig, anders zu arbeiten als andere

handlungsorientierte Grundlage

1. Formuliere dein Ziel für jedermann verständlich
2. Formuliere dein Ziel handlungsorientiert und konkret
3. Konzentriere dich auf dieses Ziel
4. Beginne und lerne
5. Mach einen Versuch und vergiss den großen Entwurf
6. Geh in kleinen Schritten voran, riskiere nicht alles
7. Korrigiere und verbessere täglich

**das fördert Komplexität
und behindert Einfachheit:**

▸ Unklare Ziele: den Kunden aus dem Auge verloren
▸ Angst: Komplexitätstreiber Nummer 1
▸ Die Illusion vom Wissensmanagement

**das fördert Einfachheit
und verringert Komplexität:**

▸ Sinn und klare Ziele
▸ Konzentration und Konsequenz
▸ Autonomie und Verantwortung
▸ Mut und Furchtlosigkeit
▸ Vertrauen und Kontrolle
▸ Gesunder Menschenverstand
▸ Eine einfache Sprache
▸ Schnell mit Versuch und Irrtum
▸ Durch Verzicht zum Wesentlichen

Ein Prolog:
Sortimentsentwicklung
auf dem Fußboden

Im Jahre 1995 begann eine türkische Unternehmergruppe mit der Errichtung einer Aldi-Kopie in Istanbul. Sie engagierte mich als Berater. Eine Kerntruppe von drei Mutigen hatte sich schon ein Jahr mit dem Projekt beschäftigt und dabei eine Reihe von Supermarktunternehmen selbst in den USA besucht, um für die Türkei das Passende herauszufinden. Man hatte schon einige zigtausend Mark ausgegeben für Verbrauchsanalysen und für die Ideen einer Werbeagentur, die einen Namen und ein schönes Logo finden sollte. Zu diesem Zeitpunkt kam ich dazu. Auch ich war fest überzeugt, dass das Aldi-Modell in der Türkei erfolgreich sein würde – das war mein einziger Ausgangspunkt.

Dazu musste die zentrale Frage „**Warum sollen die Kunden in meinem Laden einkaufen?**" die weiteren Überlegungen bestimmen. Jeder, der mit Einzelhandel befasst ist, weiß, dass Sortiment, Preis und Standort die Frage beantworten. Ich begann mit dem Wichtigsten, dem Sortiment. Dafür lagen umfangreiche Untersuchungen der weltweit arbeitenden und sehr erfahrenen Firma Nielsen für den türkischen Markt vor. Diese Untersuchungen ignorierte ich und ging vor wie folgt:

Wir definierten die Grundlagen wie bei Aldi: es sollten Lebensmittel des täglichen Bedarfs verkauft werden. Das durften keine sehr problematischen Artikel sein wie Fleisch und Fisch. Die Artikelzahl sollte auf 500 begrenzt sein.

Dann baten wir eine Reihe von Bekannten und Frauen von Beschäftigten, bei den größten Mitbewerbern in Istanbul Artikel einzukaufen, die diesen Anforderungen entsprechen würden. Artikel, die sie persönlich in einem solchen Laden einzukaufen wünschten. Zur Erleichterung des Verfahrens teilten wir die Käufer ein in verschiedene Gruppen nach den Sortimentsbereichen, also für Konserven, für Getränke, für Waschmittel usw.

Innerhalb von zwei Tagen hatten wir die gesamte Ware in unserem noch leeren Büro. Dort zeichneten wir auf dem Boden Abschnitte für Warenplatzierung und Gänge für den Kundendurchlauf ein. Dann stellten wir die Ware in die imaginären Regale, so als wäre das Büro unser echter Laden.

Wir holten dann nacheinander verschiedene Mitarbeiter in unseren Laden und ließen sie über das Sortiment urteilen. Manche Artikel wurden aussortiert, weil sie als unpassend angesehen wurden oder weil sie doppelt und dreifach vorhanden waren. Jeder Käufer hatte ja unabhängig von den anderen gekauft, was er persönlich für richtig hielt. Aussortiert wurde auch nach der Überlegung, ob es besser wäre 500 g oder 1000 g Joghurt anzubieten. Natürlich bemerkten wir auch, dass noch einige Artikel fehlten.

Auf diese Weise legten wir 500 Artikel fest. Sie wurden katalogisiert und bildeten dann die Grundlage für die Arbeit der Einkäufer und die Verhandlungen mit möglichen Lieferanten.

Es zeigte sich, dass dieses Sortiment eine echte, wirklichkeitsnahe Grundlage war für die Entwicklung des Unternehmens. Kompetente Verbraucher hatten ihre Vorschläge gemacht. Diese Sortimentsbildung hatte praktisch nichts gekostet. Die Arbeit war in weniger als einer Woche erledigt. Das war ein wirklich einfaches und sehr effektives Verfahren. Das sind Verfahren der Anfänger, der Macher, der Heißhungrigen, die nach schnellen Erkenntnissen streben. Das Unternehmen ist heute mit 1100 Läden der größte Filialist in der Türkei.

Teil 2

Einfachheit
und Komplexität

▶▶ **Grundfragen**

▶▶ **Zusammenhänge**

▶▶ **Wirkungen**

1 Überall Komplexität – nur wenige machen es einfach

Was uns begegnet

Wir leben in der so genannten Informationsgesellschaft. Wir reisen in alle Welt. Wir können 80 Fernsehprogramme empfangen. Die Unternehmen arbeiten mit TQM (Total Quality Management) und ISO 9000 (International Standardisation Organisation) sowie mit Customer Relation Management oder gar – in Deutschland ! – mit Collaborative Planning, Forecasting and Replenishment (CPFR). Wir erleben Megafusionen. Deren Ursache soll liegen in der zunehmenden Bedeutung der Globalisierung. Daran wirkt das Internet kräftig mit. Viele Chefs unterhalten sich mit ihren Mitarbeitern nur noch über E-Mails. Der Mobilfunk mit seinen komplexen Tarifsystemen macht uns das Leben schwer. Schließlich gibt es viel Angst vor Fehlern. Mangel an Mut und fehlende Risikobereitschaft tun das ihre, um die Dinge zu komplizieren.

Wenige Beispiele sollen die Probleme von Komplexität und die Chancen der Einfachheit deutlich machen. Wenn dabei einiges Erschrecken oder ironisches Schmunzeln ausgelöst wird, so ist das beabsichtigt. Beruhigungen erfährt der Leser dann durch einige Beispiele der Einfachheit.

Das ist komplex

„Intelligente Kleidung"

In der Zukunft soll es „intelligente Kleidung" geben.[2] In den Stoff der Zukunft sind Computer, Sensoren, Mobiltelefone und Navigationssysteme eingewebt. Philips-Forscher arbeiten an einer Kleidung, in die ein Satelliten-ortungssystem (GPS) und damit gekoppelt ein Mobiltelefon integriert wird. So lassen sich kleine Kinder, die weggelaufen sind, auf wenige Meter genau orten. Sehr sinnvoll. Genau so sinnvoll vielleicht eine Zudecke, die den Gesundheitszustand von Patienten überwachen kann. Aber Teppiche, die einen musikalischen Willkommensgruß auslösen, wenn jemand sie betritt? So gibt es immer Sinnvolles und Übertriebenes, die zwei Seiten der gleichen Medaille. Aber darauf kommt es nicht an. Das Leben wird komplexer. Nichts verschwindet, nichts wird aufgegeben.

Eva Müllers WAP-Versuche

Eva Müller von der Redaktion des *manager magazin*[4] hat das Web in der Westentasche ausprobiert. Ihr Frustrationsbericht zeigt die zunehmende Komplexität und wirft Fragen nach dem Sinn ebenso auf wie Fragen nach den Möglichkeiten, diese Komplexität zu beherrschen:

„Vom Münchener Hauptbahnhof in die Prinzregentenstraße? Gewöhnlich fragt ein Ortsfremder jetzt einen Taxifahrer. Aber ich habe ja mein schickes WAP-Handy dabei, das mir den Weg weisen soll. Mit Hilfe seines Wireless Application Protocols (WAP) – einer auf Display-Größe des Mobiltelefons geschrumpften Internet-Version – rufe ich auf meinem Nokia 7110 die Routenplaner-Funktion auf.

Jetzt eingeben: Startort. ... Also gut. M – einmal die 6 auf der Tastatur tippen. Wo ist das ü? Gibt es nicht. Mal sehen, u und e müssten auch gehen. ... Nach etlichen Fehlgriffen ist es geschafft: „Muenchen" steht auf dem Display. Neue Frage: die genaue Startadresse? Warum hat der WAP-Designer keinen Textbaustein für Hauptbahnhof vorgesehen? Wieder muss ich Buchstabe für Buchstabe den Text reinhacken. Dann die ganze Prozedur noch einmal mit Zielort und -adresse. ... Geschafft. Das System arbeitet. Die stilisierte Weltkugel rotiert und rotiert – Verbindungsaufbau. Dann die Meldung: „Standort „muenchen" nicht vorhanden". ... Ein wohl meinender Beobachter verrät mir den ultimativen Trick mit den Umlauten. Durch eine kryptische Tastenkombination aus Zahlen, Sternchen und Rauten ... erscheint auf der Seite des Bildschirms ein Band mit Buchstaben – inklusive der lange gesuchten Umlaute ü, ä, ö. ... Ab die Post. Das System sucht und sucht – wahrscheinlich nach der kürzesten und bequemsten Strecke. Schier endlose Minuten vergehen – jede von ihnen kostet mich im D1-Netz 39 Pfennig Verbindungsgebühr. Dann die ernüchternde Antwort: ,Seite nicht darstellbar.'"

Eva Müller probiert noch einige andere Anwendungen wie Fußballspiel-Ergebnisse und Börsenkurse. Plötzlich bleibt die Übertragung im Luftraum stecken. Nichts geht mehr. Die Seite lässt sich nicht wegdrücken, ihr hektisches Rumfingern auf der schmalen Tastatur bleibt folgenlos. Nicht einmal ausschalten kann sie das dumme Ding. Und der Gebührenzähler tickt ungerührt weiter. Bleibt nur noch die brutale Lösung: Akku raus und Schluss.

WAP – nein danke!, sagt Eva Müller von der *manager-magazin*-Redaktion. Allerdings findet sie später auch gute Lösungen, etwa auf Anhieb Namen und Wegbeschreibung zum Restaurant „Roma" auf der Maximilianstraße, wo sie sogar per WAP einen Tisch reservieren konnte.

Was sagen die Hersteller dazu? Die Kinderkrankheiten werden beseitigt und die Inhaltsangebote steigen. Und damit der Umfang der Bedienungsanleitungen, der Grad der Komplexität und das Maß der Unbeherrschbarkeit.

Offenbar fehlen den Konstrukteuren und Unternehmern, die solche Geräte auf den Markt bringen, grundlegende Einsichten: die meisten Leute wollen Lösungen und keine Spielzeuge zum Vertreiben ihrer Langeweile. Das gibt es auch, aber dafür wiederum braucht man anderes Spielzeug.

Jeder neue Computer, jedes neue Handy kann mehr als der Vorgänger. Sie alle können zu viel. Die Anwender verlieren Zeit mit der Einstellung, mit der Vorbereitung, mit der Anwendung. Viele Irrwege werden beschritten. Konstrukteure und Programmierer sind offensichtlich praxisfern oder verliebt in ihre maximalen, optimalen, perfekten, komplexen Ideen und Lösungen. Ein Reiz zum Spielen kommt auf. „Was geht alles – was kann ich alles machen?" Das sind augenscheinlich die Herstellerüberlegungen.

Eines der Hauptprobleme heute: Software und Hardware können zu viel. Das gilt besonders für Handys und Computer. Aber auch für Kameras, Waschmaschinen, Videos und Fahrkartenautomaten.

Der „Lohn" für den Hang zur Perfektion und den scheinbar notwendigen Drang an die Spitze des Wettbewerbs: Komplexität. Immer mehr, immer langsamer, immer unübersichtlicher. Die Anwendungsmöglichkeiten steigen rasant. Alle Informationsgeräte steigern ständig ihre Komplexität. Keine Neuentwicklung eines Softwareprogramms wird einfacher als der Vorgänger. Niemand übt Verzicht. Könnte die Lösung nicht sein: für Anwendung A oder B wird jeweils ein dazu passender und auf diese Anforderungen beschränkter Chip verwendet?

Handy-Vergleich – Die Qual der Wahl

Hamburger Abendblatt 8.12.1999. Zwei Anzeigen von Aldi und von der Deutschen Post preisen unabhängig voneinander und zufällig am gleichen Tag in der gleichen Zeitung die Qualität ihrer Angebote:

Kategorie	ALDI	Deutsche Post
Name	Motorola	Bosch GSM 908
Hardware		
Gewicht	inkl. Akku 169 g	ca. 109 g
Stand By	bis zu 55 Stunden	bis zu 70 Stunden
Sprechzeit	bis zu 180 Minuten	bis zu 216 Minuten
Netzladegerät	ja	keine Angabe
Akku	keine Angabe	Lithium-Ionen
Senden	SMS senden und empfangen	daten- und faxfähig, integriertes Softmodem
Display	keine Angabe	großes Grafik-Display
Ruftöne	keine Angabe	27 verschiedene, Melodien, Signaltöne, optisches LED Anrufsignal
Paketpreis	229,– Startguthaben 400,–*)	Preis 1,– Startguthaben 111,–*)
Bedingungen*)		
Vertrag mit	MobilCom D-Netz	T-D1
Laufzeit	24 Monate	24 Monate
Bereitstellungspreis 49,95	entfällt	entfällt
Monatliche Grundgebühr	29,95	24,95 bis 69,95
Tarif	Superspar, Inlandsverbindungen rund um die Uhr Citygespräche ins Festnetz 0,29 pro Min. (Anrufer im Ortsnetz des Angerufenen), Fr von 17.00 bis 7.00 Uhr, Sa. und So. ganztägig in alle Netze 0,39 pro Min., Mo. bis Fr. 7.00 bis 17.00 (Gespräche ins deutsche Festnetz) 0,99 pro Min.	gemäß T-D1 Preisliste, Inlandsverbindungen von 0,29 bis 1,29 pro Min. (abhängig von Tarif, Tarifoption, Tageszeit)

Natürlich müssen die Angebote auf die wesentlichen Qualitäten hinweisen. Deutlich wird aber, dass ein durchschnittlicher Verbraucher nicht in der Lage sein kann, die Angebote zu vergleichen. An dieser Komplexität sind mehrere beteiligt: die Anbieter Aldi und Deutsche Post, die Hersteller der Geräte und die Telefongesellschaften. Mit gemeinsamer Anstrengung und viel Geld für Konstruktion und Werbung gelingt ihnen die totale – allerdings unbeabsichtigte – Verwirrung. Fast alle Komplexitäten sind im Übrigen unbeabsichtigt.

Wer versteht eigentlich die Tarifstrukturen der Mobilfunkanbieter? Wer studiert die täglichen Veröffentlichungen in der Tagespresse als wäre dieses eine der wichtigsten Aufgaben unseres Lebens?

Ab 11 km: 10 Pfennige mehr

Die zunehmende Belastung der Bürger mit Ökosteuer und höheren Mineralölpreisen zwang den Staat zu einer Minderung der Kosten. Deshalb gab es eine Veränderung der Entfernungspauschale, die Ende 2000 beschlossen wurde.

Ein Teil der Lösung der Regierung war, dass bis zu 11 km DM 0,70 und ab 11 km DM 0,80 pro km steuerlich geltend gemacht werden dürfen. Das ist ein Ergebnis von Kompromissen, die wiederum herrührten aus der Angst der Beteiligten vor den nächsten Wahlen – jeder hat dabei seine eigene spezifische Angst: die einen vor ihren fundamentalistischen Umweltwählern, die anderen vor ihren Pendler-Wählern. Außerdem wird immer versucht, ein solches System mit einem Maximum an Gerechtigkeit zu versehen. So muss ein Optimum aus vielerlei Komponenten gebildet werden. Perfektion und Angst waren die Ratgeber. Das Ergebnis: komplex, bürokratisch, unpraktikabel, kostenaufwendig für die Verwaltung. Die Finanzbeamten gehen jetzt mit dem Bandmaß von der Haustür der Steuerpflichtigen zu deren Wirkungsstätten. Die einfachste Regelung: Verzicht auf jegliche Kostenpauschale. Grundsätzlich sind die Standortwahlen von Wohnung und Arbeitsstätte freiwillig und individuell.

Meisterprüfung in Deutschland – entbehrlich für Alte und Kranke

Deutschland ist in Europa das einzige Land mit der Meisterprüfung als Zugangsvoraussetzung zur Betreibung eines Handwerksberufes als selbständiger Unternehmer. Über den Sinn kann man Vieles sagen. Nun gibt es neue Bestimmungen in Form der „Leipziger Beschlüsse" zwischen dem Zentralverband des Deutschen Handwerks, den Bundesländern und der Bundesregierung.

Man hat sich geeinigt, indem eine Reihe von Ausnahmen zugelassen werden. Danach muss man nicht Meister sein, um einen eigenen Betrieb zu begründen, wenn:

1. der Geselle 47 Jahre alt ist,
2. der Geselle mindestens 20 Jahre in seinem Beruf gearbeitet hat, kann die Altersgrenze von 47 Jahren herabgesetzt werden,
3. vergleichbare Qualifikationen vorhanden sind (Abschlüsse von Hochschulen, Fachhochschulen, Prüfung von Industriemeistern und Technikern),
4. Mitarbeitern von Betrieben durch Umstrukturierung oder Ausgliederung die Arbeitslosigkeit droht,
5. nur eine begrenzte Spezialtätigkeit eines Handwerks ausgeübt wird. Als Beispiel nennt der Bundeswirtschaftsminister: Mitarbeiter einer Reparaturabteilung einer Staubsaugerfirma, die mehrere Jahre in diesem Bereich beschäftigt waren und sich selbständig machen.
6. gesundheitliche und andere soziale Gründe vorliegen.

Nicht nur die Ausnahmen, die bei weiter Auslegung fast alles zulassen, sind ein deutliches Zeichen hoher Komplexität. Wie viele Beamte mit welcher Qualifikation müssen da entscheiden? Man sieht auch, dass Zielsetzungen nur noch nebulös vorhanden sind. Ziellose Kompromisse führen oft zu Komplexitäten. Die Ursache für solche Kompromisse ist ein Mangel an Mut zur Klarheit und zur konsequenten Orientierung an einem eindeutigen Ziel. Die einfache Lösung: entweder Abschaffung der Meisterprüfung und Anlehnung an die Normen anderer Länder oder strikte Einhaltung mit wenigen klaren Kriterien.

4000 Staubsaugerbeutel

Für Ihren Siemens-Staubsauger brauchen Sie den Staubsaugerbeutel TA-592/8 – Baureihe 9c[7]. Eine Bösartigkeit? Es gibt 4000 unterschiedliche Modelle. Sie müssen sich Ihren Typ genau merken. Der Händler soll alles vorrätig haben. Unmöglich!

Die Filmrolle für 24 Aufnahmen 100 ASA oder
10 verschiedene Speicherchips für die Digital-Kamera

Digital-Kameras brauchen einen Speicherchip. Da gibt es den Typ SmartMedia, Compact Flash, Multi Media, PC-Cards, Memory Sticks, SD-Memory-Cards und weitere. Etwas so Gelungenes wie die überall passenden Filmrollen 24/36 Aufnahmen bringen die Ingenieure heute nicht mehr zustande. Sogar in die DDR-Praktika passten sie. Am Straßenrand zum Himalaya konnte man sie kaufen[5].

Im Duisburger Zoo machen die Affen die Preise

Die Preispolitiker des Duisburger Zoos haben die Komplexität in ihre Preispolitik eingebaut.

Preisliste gültig ab 1.1.2000:

Erwachsene	DM 14,–		
Kinder (3-13 J.)	DM 8,–		
Familienkarte I.	DM 22,–	Familienkarte II	36,–
1 Elternteil mit		Eltern mit	
eigenen Kindern		eigenen Kindern	
Gruppen über			
20 Personen			
Erwachsene	DM 11,–		
Kinder	DM 7,–		

Im Folgenden wird beispielhaft die Wirkung der Preisliste auf die Geldbörse verschieden zusammen gesetzter Besuchergruppen untersucht. Am konkreten Beispiel erkennt man so plötzlich Sinn oder Unsinn einer solchen Preisliste. Mit der komplexen Gestaltung, nämlich den Familienkarten, wollte man offenbar irgend etwas optimieren oder perfektionieren.

Varianten von Besuchergruppen:

	Annahme 1: es gilt nur der Grundtarif (DM 14,–/8,–)	Annahme 2: Vorteil der Familienkarten (I oder II)
Mutter + 1 Kind	22,–	22,–
Mutter + Vater + 1 Kind	36,–	36,–
Mutter + 1 Kind + 1 Nachbarskind	30,–	30,–
Mutter + Vater + Kind + 1 Nachbarskind	44,–	44,–

Erst dann und praktisch nur dann, wenn ein oder zwei Elternteile mit mindestens zwei eigenen Kindern in den Duisburger Zoo gehen, macht der Komplextarif für die Besucher Sinn. Ein Opa mit zwei Enkeln (Enkel sind ja keine eigenen Kinder) hätte also Pech. Er muss 30,– DM zahlen und hätte keine Vergünstigung. Allerdings hätte er sich mit 19 weiteren Besuchern zusammenrotten können, um eine Gruppe über 20 Personen zu bilden. Dann hätte er für sich 3,– und für die beiden Enkel je 1,– gespart.

Ein durchdachter Sinn, ein klares Ziel ist in dieser komplexen Regelung nicht erkennbar, weder ein „gerechtes" noch ein „soziales" Ziel. Auch betriebswirtschaftliche Erkenntnisse werden missachtet. Danach müsste die Preispolitik so gestaltet sein, dass möglichst viele Besucher kommen, weil die Grenzkosten jedes weiteren Besuchers gleich 0 wären. Die einfachste Regelung könnte sein:

Einheitspreis für alle   DM   8,–

Dann könnte beim Kartenverkauf sogar noch auf die Alterskontrolle von Kindern bis 13 Jahre verzichtet werden und darauf, ob es sich um eigene Kinder handelt. Wie herrlich einfach! Die Preispolitik des Duisburger Zoos dagegen zeigt den Versuch wissenschaftlicher Optimierung oder einfach Ignoranz.

200 E-Mails am Tag

In verschiedenen Veröffentlichungen äußerten sich deutsche Top-Manager über ihren Umgang mit der elektronischen Post:

Thomas Middelhoff, Bertelsmann, bearbeitet täglich 100–120 E-Mails. Jürgen Schrempp bringt es auf Hunderte. IBM-Direktor Dietmar Wendt schafft täglich die Bearbeitung von bis zu 250 E-Mails. Hilmar Kopper, Aufsichtsratschef der Deutschen Bank: *„Ich ersticke hier in Komplexität".* Heinrich von Pierer, Vorstandsvorsitzender von Siemens: *„Um nur halbwegs über die Vorgänge im Unternehmen à jour zu sein, müsste ich 24 Stunden am Tag lesen."*

Machen die Herren etwas falsch?

Vielleicht haben sie in ihren Interviews ja übertrieben. Wenn die Bearbeitung (Lesen mit oder ohne Beantwortung) im Durchschnitt mit einer Minute berechnet wird, so beansprucht die tägliche Beschäftigung mit den E-Mails doch 2–4 Stunden. Ist das ein neues äußeres Zeichen von Wichtigkeit und Unentbehrlichkeit? Oder ist das vielmehr die Tatsache, dass die vorhandenen eleganten Möglichkeiten der Technik genutzt werden, weil sie nun einmal da sind? Neben den Handys auch hier der Terror ständiger Erreichbarkeit – eine neue Droge, ein neues Krankheitsbild in der Informationsgesellschaft. Warum? Aus Angst, etwas zu verpassen?

Und dennoch gibt es erfahrene Manager wie Klaus Ostendorf, die tatsächlich heute bewusst ohne E-Mail arbeiten. Ostendorf, seinerzeit Vorstandsmitglied der Kamps AG und der Macher des größten deutschen industriellen Brotherstellers, Wendeln, besteht darauf, seinen Gesprächspartnern ins Auge sehen zu wollen. Dann könne man erkennen, ob man richtig verstanden worden sei. Seine Partner haben sich daran gewöhnt, dass er auf dieses Kommunikationsmittel verzichten will. Seinen Schreibtisch ziert auch kein Computer; er arbeitet mit Papier und Bleistift. Sehr eigenwillig, aber auch erfolgreich.

Viele Absender überschütten ihre Umgebung mit der elektronischen Post. Jemand meinte dazu: *„Wer nichts zu sagen hat, sondert eine E-Mail nach der anderen ab".* Im Jahr 2000 wurden an die 1100 Billionen E-Mails verschickt[6]. Und dennoch: E-Mails sind eine phantastische Neuerung, die vielleicht der Erfindung des Telefons nahe kommt. Wie bei allen Neuerungen, bei allen Möglichkeiten, die das Leben bietet, es kommt auf die sinnvolle Nutzung an.

Mitarbeiter kämpfen gegen Komplexität

In einem der renommiertesten internationalen Unternehmen beklagen sich die leitenden Mitarbeiter über zunehmende Komplexität im Unternehmen. Sie fühlen sich behindert, erfolgreich zu arbeiten. Als Ursache machen sie die von der Geschäftsführung gesetzten Rahmenbedingungen verantwortlich. Sie haben mehr mit der Bewältigung der internen Prozesse und dem internen Reporting zu tun als mit dem Kundengeschäft.

Die Mitarbeiter beklagen im Einzelnen:

▸ *Administrative Vorgänge belasten mich. Wenn der Kunde ein Projekt machen will, läuft es mir eiskalt den Rücken herunter, wenn ich mir vorstelle, wie ich das alles innerhalb der Firma anschieben soll. Es werden ständig neue Prozesse hinzugefügt, statt die vorhandenen zu optimieren.*

▸ *Einen Vertrag erstellen zu lassen ist eine Katastrophe. Der Prozess ist zergliedert, es gibt zu viele Instanzen und keiner traut sich was, denn im Misslingensfall werden sie aufgespießt.*

▸ *Übervorsicht aus Angst, man hält sich also an das Regelwerk. Alles ist überfrachtet mit Institutionen. Es ist alles überreguliert.*

▸ *Prozesse werden zergliedert bis zum geht-nicht-mehr, die tatsächliche Kompetenz erstreckt sich nur auf einen kleinen Teil. Je zergliederter der Prozess, umso mehr verschwindet die Verantwortlichkeit für den Gesamtprozess. Durch diese vielen Institutionen kommt der Tempoverlust; immer weniger Verantwortung für den einzelnen; Arbeit wird immer leerer, nur Teilaspekte, keiner übersieht das Ganze. Für viele verwandelt sich ihre Arbeit in den Typus eines Sachbearbeiters: ein Stapel von Vorgängen, der abzuarbeiten ist. Die Arbeit an etwas, dessen inhaltliche Bedeutung man eigentlich gar nicht kennt.*

▸ *Wir haben eine Informations-Seuche. Es wimmelt von Koordinatoren. Wir koordinieren uns zu Tode. Viele wollen immer was wissen.*

▸ *Lokale Manager, z.B. regionale Businessmanager, haben keinerlei Entscheidungskompetenz hinsichtlich ihres Business in der Region. Entscheidungen werden in der Zentrale oder am grünen Tisch gefällt. Es gibt keine wirkliche Entscheidungsbefugnis an der Vertriebsfront.*

Dieses ist eines der größten und trotz seiner Komplexität erfolgreichsten Unternehmen der Welt. Komplexität muss nicht zwangsläufig zu Zusammenbrüchen oder Pleiten führen. Wenn Unternehmen trotz ihrer Komplexität erfolgreich sind, so muss die Frage aufgeworfen werden, ob sie nicht ihren Erfolg mit verminderter Komplexität erheblich steigern könnten.

Die Aussagen leitender Mitarbeiter dieses Unternehmens beleuchten eine Vielzahl von Themen, die in diesem Buch diskutiert werden und zu denen es eine Vielzahl von Empfehlungen gibt.

Das ist einfach

Usability Lab von Siemens

Siemens ist diesen Komplexitäten auf der Spur. Dort arbeitet man schon seit 1994 mit einem „Usability Lab", einem Benutzerfreundlichkeits-Labor[7]. In diesem Labor ist Siemens dabei, seinen Geräten überflüssigen Schnickschnack auszutreiben. Es wird getestet, ob die Produkte einfach und bequem zu bedienen sind. Mit nur 5 repräsentativ ausgewählten Testpersonen lassen sich dort 80 Prozent der Schwachstellen erkennen. Die Testpersonen werden bei der Ausführung bestimmter vorgegebener Aufgaben an den Geräten mit Videokameras beobachtet. Sie halten jede Handlung und jede Regung der Probanden fest. Früher meinten die Ingenieure, dass sich die Kunden dem Produkt schon anpassen würden. Das ist vorbei. Auch die Ingenieure beugen sich jetzt offenbar den Anforderungen der Kundenorientierung. Siemens arbeitet hier wie Aldi mit eigenen Tests und Versuchen. Eine strenge Marktorientierung gewinnt die Oberhand.

Aldi und Ikea sind intelligenter

Aldi und Ikea haben die gleichen Preise über längere Zeit und das in allen Läden. Damit machen sie es nicht nur sich selber, sondern auch ihren Kunden einfacher. Bei Aldi etwa können die Kunden schon auf Preisvergleiche verzichten, weil sie über viele Jahre festgestellt haben, dass sie dort die niedrigsten Preise finden, zumindest aber niemals negativ überrascht wurden. So haben Aldi und Ikea ein Vertrauensverhältnis mit ihren Kunden aufgebaut. Und Vertrauen reduziert die Komplexität.

Auch aus diesem Grund wurde Aldi zum Prototypen der Einfachheit. Aldi, Ikea und auch Toyota sind inzwischen berühmt für ihre Exklusivität: „Sie machen alles anders als alle anderen."

Aldi Quartalsstatistik

Aldi – wie wohl alle anderen Unternehmen auch – untersucht seine Sortimentsstruktur permanent. Nur legt Aldi dafür nur eine einzige Statistik für die insgesamt rund 700 Artikel zugrunde. Die Statistik wird nur einmal im Quartal erstellt. Möglich wäre das – wenn man wollte – wöchentlich, also 12 mal so häufig. Sicher ist, dass wöchentliche Erhebungen ein differenzierteres Bild abgeben würden. Bei Aldi hat man allerdings die Kunst gelernt, sich auf Wesentliches zu beschränken und auf Überflüssiges zu verzichten. Man verzichtet auch auf die Befriedigung der Neugier, wie sich aktuell einige Artikel entwickelt haben mögen.

Ausgangspunkt ist eine gründlich überlegte Entscheidung, einen bestimmten Artikel ins Sortiment zu nehmen. Dort soll er dann eine Zeitlang verweilen. Dann wird man sich das Ergebnis in Ruhe ansehen. So gewinnt man Zeit für andere Dinge.

700 Artikel 1 mal im Quartal ansehen: das sind 700 Positionen

700 Artikel jede Woche ansehen: das sind 8400 Positionen

„Weniger ist mehr. Mehr hilft wenig."

Bei Mercedes bleibt es einfach

Seit mehr als zwanzig Jahren findet der Fahrer eines Mercedes die Bedienelemente (Lichtschalter, Scheibenwischer u.ä.) immer an der gleichen Stelle. Er kann sich, ohne die Gebrauchsanleitung zu lesen, bei jedem neuen Modell sofort an das Steuer setzen.

Stromkonzerne vertrauen ihren Kunden

Stromkonzerne nutzen inzwischen ein Mittel des Vertrauens, das ihnen ihre Arbeit erheblich vereinfacht. Sie schicken den Haushalten Postkarten, auf denen diese ihre Zählerstände eintragen sollen. Die Zählerstände sind dann die Grundlage für die Jahresabrechnungen. So vertrauen die Stromkonzerne ihren Kunden oft jahrelang, dass diese korrekte Angaben machen. Ihre Computer machen lediglich automatisch Plausibilitätskontrollen. Nach Auskunft der Hamburgischen Electricitätswerke hat man dort nur gute Erfahrungen gemacht. Ein Beweis für die These von Niklas Luhmann *„Vertrauen ist ein Mechanismus zur Reduktion von Komplexität"*[8].

„Ich verstehe keine komplizierten Probleme"

Bei Procter & Gamble wird seit vielen Jahren das 1-Seiten-Memo gepflegt. Ed Harness, pensionierter Chairman erklärt den Sinn so: *„Eine kurze schriftliche Mitteilung, die Fakten von Meinungen trennt, ist die Grundlage für unsere Entscheidungen. Überall grassiert Unzuverlässigkeit. Ein Bericht von nur einer Seite ist da eine große Hilfe. Auf einer Seite sind weniger Zahlen zu diskutieren. 20 Zahlen auf einer Seite sind leichter zu kontrollieren als 20 Zahlen mal 100 Seiten. Aufmerksamkeit wird auf das Wesentliche gelenkt. Der Autor muss viel stärker für das Wenige gerade stehen. Mit Wenigem nimmt die Verantwortlichkeit zu – und damit die Zuverlässigkeit. Nachlässigkeit passt nicht zum 1-Seiten-Memo."*

Mit diesen klaren Worten erfasst Harness einen sehr großen Teil der Problematik von Einfachheit und Komplexität. Der ehemalige P&G-Präsident Deupree ergänzt: *„Ich verstehe keine komplizierten Probleme. Ich verstehe nur einfache. Die Leute sollen die Probleme so aufgliedern, dass sie eine Reihe von einfachen Sachverhalten ergeben."*

Resümee

Es gibt viele phantastische Beispiele technischer Komplexität, die das Leben erleichtern, wie das ABS und der Airbag im Auto, das Internet mit all seinen wunderbaren Vorteilen oder die heute fehlerfrei arbeitenden Navigationssysteme in den Autos. Immer mehr stürmt auf uns ein. Wir haben die Wahl, diese Entwicklungen zu negieren oder anzunehmen und damit umgehen zu lernen. Bewusste Auseinandersetzung mit Komplexität ist notwendig. Besonders deswegen, weil unsere Fähigkeiten zum Umgang mit Komplexität in den letzten Jahrhunderten kaum gewachsen sind. Unser Gehirn und unsere Gene dürften ziemlich unverändert sein. Die Anforderungen an uns oder besser, das, was auf uns einwirkt, nehmen aber ständig zu.

Ursache von Komplexität ist, dass wir alles wollen. Alles soll perfekt sein. **Wir haben Angst vor Fehlern. Es fehlt der Mut zu Risiken und Flops.** Wir fürchten den Verlust und wollen auf nichts verzichten. Also wiederum die Devise: alles machen. Es wird eine weitere Analyse zur Absicherung unserer Gedanken und Vorhaben angestellt. Manche werden dabei zu digitalen Deppen, weil sie sich nur noch an ihren Charts, Analysen und bunten Computergrafiken festhalten. In den Unternehmen unterstützt dabei ein Wasserkopf aus Controllern und Stabsexperten. Der Staat behilft sich mit Regierungsbeauftragten, mit Gutachten und Kommissionen. Und das alles geschieht unter krank machendem Zeitdruck, denn für immer mehr steht nicht mehr Zeit zur Verfügung. Und viele arbeiten unter dem Stress einer möglichen Erfolglosigkeit.

Gelassenheit und Übersicht gehen verloren. Das hier Beklagte führt zu Komplexität und damit zu Langsamkeit und Ineffektivität. Einfachheit zu pflegen in Verantwortung für Kunden, für Mitarbeiter, für das Unternehmen, aber auch für die eigene Gesundheit und das eigene Wohlbefinden – das wäre ein sinnvoller Weg.

2 Was ist einfach – was ist komplex?

> *„Das Gehirn mit 500 Billionen Verkehrsknotenpunkten ist die komplexeste Materie des Universums."*
>
> Wolf Singer

Einfach sind die Ente und die Biomoleküle

Der legendäre Citroën 2 CV wurde als ein wunderbarer Regenschirm auf vier Rädern bezeichnet. Die „Ente" ist einfach genial wegen ihrer Einfachheit. Zur Frischluftzufuhr drehte man eine Klappe unter der Frontscheibe auf, und ein Fliegengitter schützte die Insassen vor Insekten.

Das Thema Einfachheit und Komplexität beschäftigt intensiv die Naturforscher. Ein Bericht über die „Dahlem-Konferenz" zum Thema „Einfachheit und Komplexität von Biomolekülen" stellt fest[9]: Die Wirkungsweise von Biomolekülen erscheine außerordentlich komplex. Doch wenn man sie erst durchschaut hat, ist die biologische Funktion überraschend einfach zu erklären. Den Wissenschaftlern der Dahlem-Konferenz erschienen die biologischen Vorgänge um die Biomoleküle zunächst rätselhaft und kompliziert. Inzwischen gelten sie als ein Lehrstück für die elegante Einfachheit der biologischen Funktionen.

Für Nicht-Naturforscher ist kaum zu begreifen, was hier gesagt wird. Aber wir hören von einer überraschenden **Einfachheit der Natur**. Das erscheint typisch auch für viele soziale und technische Systeme. Was für die Natur gilt, finden wir oft ähnlich in anderen Systemen bestätigt.

Was ist komplex? Wolf Singer, Direktor des Max-Planck-Instituts für Hirnforschung, bezeichnet das menschliche Gehirn mit seinen 500 Billionen Verkehrsknotenpunkten als die „komplexeste Materie des Universums"[10].

Komplex bedeutet laut Duden zusammenhängend, vielschichtig, umfassend, ineinander gefügt. Kompliziert nennt der Duden die Dinge, wenn sie verworren, umständlich, oder schwierig sind. Als einfach dagegen wird bezeichnet, was leicht verständlich und nicht zusammengesetzt ist. Man kann ein System als komplex beschreiben und den Umgang mit einem komplexen System als kompliziert.

Die Wissenschaft formuliert genauer:

Gerd Binnig stellt fest[11], dass Komplexität ein äußerst schwieriger Begriff sei, der noch nicht sauber definiert würde. Klar sei nur, dass ein System um so komplexer sei, je mehr Informationen innerhalb eines Systems und mit einem System ausgetauscht werden. Grundsätzlich sei die Komplexität jedes Systems unfassbar groß. Das hinge auch damit zusammen, dass Komplexität im Grunde gar nicht messbar sei.

Ein System ist um so komplexer, je mehr Elemente es aufweist, je größer die Zahl der Beziehungen zwischen diesen Elementen ist, je verschiedenartiger die Beziehungen sind und je ungewisser es ist, wie sich die Zahl der Elemente, die Zahl der Beziehungen und die Verschiedenartigkeit der Beziehungen im Zeitablauf verändert. Die Kombinationsmöglichkeiten wachsen geometrisch. Schon Systeme mit wenigen Elementen können zu einer unüberschaubaren Menge an Möglichkeiten führen. Systeme können schließlich sehr schnell überfordert sein, ihre eigene Komplexität zu bewältigen.

Die Interaktionen einer Vielzahl unterschiedlicher Elemente mit einer Vielzahl von Zuständen machen ein System komplex. Mathematisch kann das so dargestellt werden:

Es gibt 5 Glühbirnen, von denen jede entweder an oder aus sein kann:

- ▸ Das ergibt *32 verschiedene Zustände* (2^5 Zustände = 32 Zustände)
- ▸ Bei 10 Glühbirnen gibt es *1024 verschiedene Zustände* (2^{10} Zustände = 1024)
- ▸ Bei 20 Glühbirnen gibt es *über 1 Million verschiedene Zustände* (2^{20} = 1.048.576)

Das entscheidende Mittel der Komplexitätsbeherrschung ist die Reduktion der Möglichkeiten. Der Umfang der Möglichkeiten wird bestimmt durch die Anzahl der Elemente (5 Glühbirnen) und die Anzahl der Verknüpfungen (das System verbindet alle Glühbirnen miteinander).

Die folgende Abbildung zeigt die Ausgestaltung von komplexen und einfachen Systemen. Sie unterscheiden sich immer durch die Anzahl der Elemente und durch den Umfang der Verbindungen zwischen ihnen. Es wird noch gezeigt werden, dass Vereinfachung nur möglich ist durch Trennung der Elemente voneinander, durch Kappung der Verbindungen und/oder durch Reduktion der Anzahl der Elemente. Beides kann für sich schon zur Vereinfachung führen.

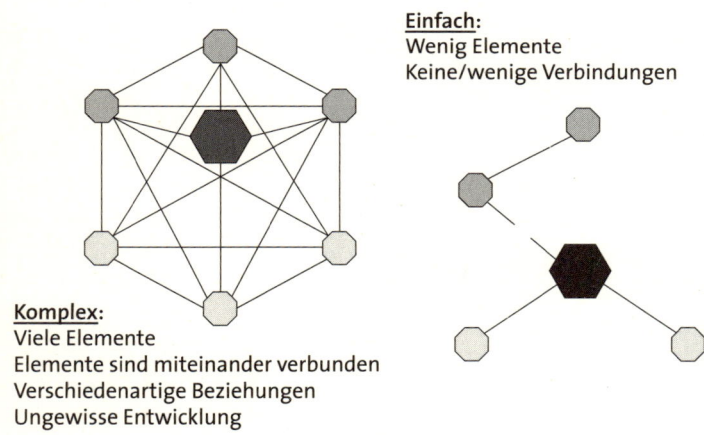

Einfach:
Wenig Elemente
Keine/wenige Verbindungen

Komplex:
Viele Elemente
Elemente sind miteinander verbunden
Verschiedenartige Beziehungen
Ungewisse Entwicklung

Wenn man immer genauer hineinschaut, scheint Komplexität an keinen Grenzwert zu stoßen (Gerd Binnig). Die Hoffnung der Physiker war einmal, dass die Komplexität für elementare Untersysteme kleiner werden würde. Man dachte, je elementarer ein System ist, desto einfacher. So sind Atome zwar tatsächlich relativ einfach zu beschreiben. Geht man jedoch noch weiter ins Detail, wird es wieder komplizierter. Es ist kein Ende des Zerhackens in Untereinheiten abzusehen. Es scheint keinen Grenzwert für Komplexität zu geben.

Vertiefende Betrachtungen gibt es in empfehlenswerter Literatur[12,13].

Komplexität in der Wirtschaft:
Viele machen sich etwas vor

Eindrucksvolle Beispiele von Komplexität sind vielfach zu finden.

Ein Beispiel geben große Handelsgruppen wie Rewe, Metro oder Tengelmann. Sie betreiben Verbrauchermärkte, Supermärkte und Discountketten. Der Lieferant Unilever oder Nestlé bietet extra Preisnachlässe, wenn ein neuer Artikel nicht nur in den Supermärkten, sondern auch in den anderen Vertriebszweigen, den Verbrauchermärkten und der Discountkette, geführt wird. Der Lieferant will damit einen höheren Umsatz erzielen und bietet dem Einkäufer dafür einen besonderen Preisnachlass. Der Einkäufer meint im Sinne des Ganzen zu handeln, wenn er das Angebot akzeptiert. Er folgt der Versuchung, den Preisvorteil zu kassieren und nimmt einen Zuwachs an Komplexität in Kauf. Denn Strategie, Sortimentsziele und Preispolitik der einzelnen Gruppen sind unterschiedlich. Wenn dieses Verfahren der scheinbaren Optimierung für alle Artikel und alle Lieferanten fortgesetzt würde, gelangt man an den Punkt, wo das System so überfordert ist, dass es seine eigene Komplexität nicht mehr bewältigen kann. Das Ziel niedriger Einkaufspreis kann nicht unbegrenzt kombiniert werden mit den unterschiedlichen Zielen der verschiedenen Vertriebszweige. Die gefährliche Folge dieser nicht beherrschbaren Komplexität ist fast immer, dass die Unternehmen ihre spezifisch definierten und am Markt ausgerichteten Unternehmensziele nicht mehr erfüllen. Hinter einem solch komplexen System verbirgt sich oft die Unfähigkeit, die Grundaufgaben richtig wahrzunehmen. Eine Grundfrage wäre, welches denn die Existenzberechtigung des einen oder anderen Vertriebszweiges am Markt ist. Warum sollen die Kunden im Supermarkt kaufen?

Die Komplexität beim Einkauf einer großen Handelsgruppe. Die zentrale Einkaufsabteilung verhandelt mit einem Lieferanten über 1 Artikel. Die Handelsgruppe betreibt 3 verschiedene Geschäftstypen:

	Supermärkte	Verbraucher-märkte	Discount-märkte	Lieferant
Strategie	Ziel A	Ziel B	Ziel C	Ziel X
Sortiment	Politik 1	Politik 2	Politik 3	Angebot Y
Preis	Politik a	Politik b	Politik c	Angebot Z

Wenn man nur diese Faktoren anschaut, die ja in der Einkaufsentscheidung eine Rolle spielen, so ergeben sich bereits 12 verschiedene Elemente bei der isolierten Entscheidung über einen einzigen Artikel. Die Komplexität ist schon in diesem Beispiel nicht mehr beherrschbar. Sie wird unvorstellbar, wenn das Beispiel ausgedehnt wird auf die vielen Tausend Artikel und Lieferanten.

Die Firma Lidl & Schwarz (Lidl-Discountmärkte und Kaufland-Verbrauchermärkte) macht es anders. Sie hat den Einkauf für beide Geschäftstypen streng voneinander getrennt. Sie hat sich für Autonomie und Dezentralisation entschieden und ist damit erfolgreich.

Die Gedanken aus diesem Beispiel können übertragen werden in andere Bereiche. Wie viele Leute sind mit welchen Zielen und Kriterien an welchen Entscheidungen gemeinsam beteiligt?

Einfach machen heißt: weglassen, verzichten, Prioritäten setzen

Unternehmungen und andere Großorganisationen wie auch der Staat oder die Volkswirtschaft sind Systeme von ungeheurer Komplexität. Wenn also gesagt wird, dass die Beherrschung dieser ungeheuren Komplexität nur gelingen kann mit einem System gleich hoher Komplexität, so wird klar, dass eben dieses nicht möglich ist. Welches gleich komplexe System wie ein Unternehmen könnte dieses beherrschen? Die Komplexität in Unternehmen und Staat kann nur beherrscht, kontrolliert, gesteuert werden, wenn sie verringert wird. Die Menge der Komponenten und Möglichkeiten muss reduziert werden.

Die Komplexitätskurve zeigt, was bei einer zunehmenden Zahl von Elementen passiert. Komplexität und Kosten steigen progressiv. Typisch und sofort einleuchtend ist dieser Kurvenverlauf für Artikel- und Komponentenzahl, für Kunden- und Lieferantenzahl. Sie gilt aber auch für die Anzahl von Regeln, Gesetzen, Verordnungen, Anweisungen. Sogar für die Anzahl von Ideen. Selbst hier kann es sinnvoll sein, zur Vermeidung steigender Komplexitäten auf Ideen und damit auch auf Perfektion zu verzichten.

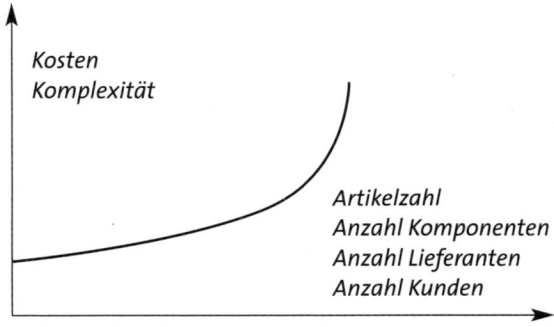

Die Komplexitätskurve

Kosten
Komplexität

Artikelzahl
Anzahl Komponenten
Anzahl Lieferanten
Anzahl Kunden

Die Japaner sind dazu über gegangen, ihre Autos sehr umfassend mit Extras bereits standardmäßig auszurüsten. Damit vermeiden sie die Komplexität durch variable Ausstattungen mit letztlich Tausenden von Möglichkeiten. Trotz besserer Ausstattung und wegen geringerer Komplexität erreichen sie geringere Produktionskosten.

Eine interne Studie von General Motors[14] bestätigt die Japaner: Japanische Autos werden als Pakete mit wenigen Optionen angeboten. Amerikanische Autos sind fast kunden-konstruiert mit Tausenden von möglichen Kombinationen. Der Honda Accord kann in 32 Varianten gekauft werden. Es gibt dagegen amerikanische Modelle mit über 40.000 Kombinationsmöglichkeiten. Die amerikanischen Hersteller erhoffen sich nun erhebliche Einsparungen durch die Installation von Kommunikationssystemen, mit denen per Computer die Verfahren von der Kundenbestellung bis zur Produktion und zur Beschaffung der Teile von Lieferanten automatisiert werden können. Hierfür erwartet man Einsparungen von 2.500 Dollar pro Auto.

Wie die Japaner könnten die Autobauer *über die Reduktion der Optionen nachdenken*. Das würde Komplexität und Kosten verringern. Das ist der sichere Weg. Die Installation eines wiederum komplexen Informationssystems kann das Gegenteil bewirken.

Organisation verringert Komplexität

Die Gestaltung von Organisation und Regeln ist der Angelpunkt der Komplexitätsbeherrschung. Aufgabe der Organisation ist es, den notwendigen Umfang an Koordination und Kommunikation zu verringern[15].

Strategie und Organisationen bestimmen die Komplexität:

▸ die Anzahl von Zielen, die man gleichzeitig erreichen will
▸ die Anzahl der an einem Thema beteiligten Personen
▸ die Anzahl und der Inhalt von Regelungen, die zu beachten sind
▸ die Anzahl der Produkte, die hergestellt und angeboten werden
▸ die Anzahl der Komponenten, die in die Produkte eingebaut werden
▸ die Anzahl der Kunden oder Kundengruppen
▸ die Anzahl von Lieferanten

Es ist fast immer das Viele, das wir wollen, das Alles. Komplexität kann nur reduziert werden, indem wir weniger machen. Im politischen Bereich in Europa nimmt die Komplexität rasant zu durch die Aufnahme weiterer Mitglieder in die Europäische Union. Wenn man schon nicht mit weniger Mitgliedern effizienter oder erfolgreicher sein will, so muss zumindest eine veränderte Organisation gewährleisten, dass anderes reduziert wird: etwa die Anzahl gemeinsamer Ziele, die Menge gemeinsamer Gesetze und Regeln.

Einfach machen bedeutet: Man muss so lange streichen, bis man nichts mehr weglassen kann, ohne das Wesen zu verändern.

3 *Warum Einfachheit?*

„In den nächsten paar Jahren werden wir vorrangig um Vereinfachung bemüht sein.
Wir wollen mehr Einfachheit bei unserer Kommunikation.
Bei Präsentationen. Bei Produkten. Weniger Komponenten.
Ein einfacheres Design. Die Unternehmen tendieren dazu, alles zu verkomplizieren – auch im Leben schlechthin wird vieles verkompliziert.“

Jack Welch

Das Ziel ist der Kunde

Eine Vision: Fahrkartenautomaten

Wie schön wäre es, wenn der Reisende am Flughafen in Frankfurt, München oder Hamburg ankommt und sofort weiß, wie er seine Fahrkarte ins Zentrum zu lösen hat? Höchstens die Preise wären unterschiedlich. Aber die Bedingungen für die Anzahl von Fahrten, die Anzahl von Personen, die unterschiedlichen Tageszeiten oder Entfernungszonen sowie die Wahltechnik am Automaten sind identisch. Der Reisende kennt das System aus verschiedenen Städten, auch aus seiner Heimatstadt. Er könnte Zeit sparen und Nerven schonen, wenn er nicht die ganze Litanei des örtlichen Verkehrsverbundes lesen und begreifen müsste. Er wäre nicht dem Stress einer falschen Wahl ausgesetzt. Er müsste nicht prüfen, welchen von drei Kurzstreckentarifen er wählen muss, oder ob er schon den Abendtarif anwenden darf. So könnte es sein. Nur will heute keine Stadt auf ihre scheinbaren kreativen Leistungen verzichten, um ein System vermeintlich zu optimieren, es gerecht zu machen, soziale Gesichtspunkte zu beachten und letztlich auch noch genügend Einnahmen zu erzielen. Es gäbe viele Aufgaben zu lösen, um den öffentlichen Nahverkehr zu verbessern! Bei den Tarifsystemen und den Automatensystemen haben die Verantwortlichen nur eine Aufgabe zu erfüllen: Das Wesentliche erkennen und dann den vielen Schnick-Schnack weglassen. Eine Science-Fiction-Vorstellung.

Noch eine Vision: Budgetrituale

Wie wäre es, wenn die Unternehmensleitung im Oktober mitteilt, dass für das kommende Jahr kein Budget zu erstellen ist? Tausende von Managerstunden könnten plötzlich eingespart werden. Man würde die vorhandenen Systeme mit minimalem Aufwand so umbauen, dass eine Beurteilung von Unternehmensbereichen, Abteilungen und Leistungen anders möglich wird. Man würde die Zeit nutzen, um andere wichtigere Fragen des Unternehmens zu diskutieren. Die wichtigste: Welche Leistungsverbesserungen man den Kunden bieten könnte. Würde diese Vision Wirklichkeit, so könnte man sehen, was nun passiert. Wahrscheinlich gar nichts, was die Ordnung des Betriebes stört, aber Positives, was Kunden, Leistung, Umsatz und Gewinn betrifft.

Wir brauchen Übersicht, wenn die Komplexität um uns herum zunimmt. Wir suchen nach Ordnung und Struktur. Wir blicken auch zu anderen. Wie machen die es? Stuart Crainer[16] zieht ein Fazit seiner Untersuchungen: *„Wirklich brillante Entscheidungen entstehen einfach. Sie entwickeln sich spontan, teilweise aus Verzweiflung oder aus einem Missgeschick."*

Karl und Theo Albrecht haben sich mit klarem Ziel und wichtigen Tugenden über Jahrzehnte konsequent zu ihrem heutigen Erfolg voran getastet. **Ihre Leitlinie war ausschließlich der Kunde.** Es gab nicht den großen perfekten Entwurf einer Riesenstrategie, ausgearbeitet von Visionären und unterstützt von ausgefeilten Marktforschungs- und Marketingmethoden.

Obwohl viele Methoden und Techniken sich mit dem Inneren der Unternehmen beschäftigen, entscheidend bleibt ausschließlich, ob dieses den Erfolgen beim Kunden nützt. Scania nennt als Grund für ihren anhaltenden Erfolg gegenüber ihren Wettbewerbern auf den LKW-Weltmärkten:

„Es gibt wenig, was Scania viel besser macht als die Wettbewerber. Bis auf eins: Konsequent verfolgen die Schweden das Prinzip der Einfachheit. Einfache Konstruktionen, einfache Produktionsprozesse, einfache Produktpaletten und einfache Managementstrukturen."

110 Sprachkombinationen in der EU – es gibt einfache Lösungen

Die Kompliziertheit der EU-Strukturen und ihrer Verfahren wird durch neue Mitglieder bei unveränderter Organisation dramatisch weiter gesteigert. Allein die Sprachenvielfalt kann zu einer Ursache für das Scheitern werden.

Heute hat die EU mit ihren 25 Mitgliedern 21 Amtssprachen. Das bedeutet für jede Ratssitzung, jede Debatte im Parlament 420 verschiedene Sprachkombinationen. Demnächst mit Bulgarien und Rumänien werden es 506 sein. Der Leser kann sich für die künftigen Erweiterungen die Anzahl selbst ausrechnen mit der Formel:

$$\text{Anzahl Sprachenpaare} = 2x + x(x - 3),$$

wobei x für die Anzahl verschiedener Sprachen steht.

Die Folge dieser amtlichen Sprachenvielfalt: Zeitverzögerungen, Fehler, Verlust rhetorischer Feinheiten. Zur Vereinfachung, aber mit qualitativen Abstrichen, arbeitet man inzwischen mit so genannten Relaissprachen. Dabei wird zum Beispiel das Litauische nicht direkt ins Portugiesische und umgekehrt übersetzt, weil kaum jemand diese beiden Sprachen als Muttersprachen beherrscht, sondern man geht den Umweg etwa über das Französiche. Vereinfachung durch Verzicht bedeutet nicht immer gleichzeitig eine qualitative Verbesserung, aber fast immer die bessere Ermöglichung der Funktion des Systems.

Es gibt natürlich weitere Vereinfachungen durch weiteren Verzicht: Aus allen Sprachen wird jeweils in wenige Sprachen übersetzt. Also etwa aus Portugiesisch, Dänisch und Griechisch immer nur in die weiter verbreiteten Sprachen Englisch, Französisch oder Deutsch. Das ergäbe statt der 420 Übersetzungen weniger als 60. Der Zweck guten Verstehens wird entscheidend begünstigt durch die Tatsache, dass der passive Sprachschatz in einer Fremdsprache immer größer ist als der aktive. Allerdings kann nicht mehr jeder Wunsch erfüllt werden. Übersetzungen vom Griechischen ins Dänische wären dann nicht mehr möglich. Das braucht den Mut zum Verzicht. Die Wirkungen wären: geringere Kosten, weniger Fehler, schnellere Protokolle und Ergebnisse.

Einfachheit gibt Stärke

Aldis Erfolgsstory ist eine Lehre von der Einfachheit. Alles wird in diesem Unternehmen davon bestimmt. Die Einfachheit und die damit verbundene Fähigkeit zur Anpassung macht das Unternehmen relativ sicher gegen ähnliche Risiken wie sie die großen Imperien treffen.

E **i** **n** **f** **a** **c** **h** **h** **e** **i** **t**	Unternehmensziele Kundenorientierung
	Organisation Dezentralisation / Delegation Kontrolle
	Geschäftsprinzipien Arbeitsweisen

So wesentlich Kundenorientierung, Askese, Konsequenz und Disziplin das Unternehmen ALDI prägen, der **eigentliche Erfolgsfaktor ist Einfachheit.** Aldi beherrscht die Kunst, das Selbstverständliche, Normale, Vernünftige in die Praxis umzusetzen. Es gibt eine Fähigkeit, eine *„Kultur der Einfachheit".* Aldis Stärke liegt in der Einfachheit von Strategie, Führung und Organisation.

Komplexitätsreduktion ist notwendig. Anders können wir mit dem Reichtum an Informationen gar nicht umgehen. Wir müssen nach bestimmten Kategorien das Wesentliche herausfiltern und den Rest entsorgen. So macht es uns das Gehirn vor, stellt der Neurowissenschaftler Ernst Pöppel, Professor für Medizinische Psychologie an der Universität München fest[18]. Der Mensch, so sagt er, habe immerzu einen Hypothesengenerator im Kopf, der nach jeder Aufnahme von Sinneseindrücken unmerklich prüft, was wesentlich ist. Unsere Grundstruktur beruht auf Sinnesinformation. So wie es sinnvoll ist, ein Lager von Zeit zu Zeit zu entsorgen, zu entmüllen, so ist das auch wichtig für das Gehirn.

Alles wird schneller, alles wird komplizierter, unübersichtlicher. Also muss alles einfacher werden, damit wir den wesentlichen „Rest" überhaupt entdecken und dann hoffentlich beherrschen. **Einfache Gestaltung ist intelligente Gestaltung.** Wer intelligenter gestalten will, muss es einfacher machen. Wem die Reduzierung oder die Beherrschung der Komplexität gelingt, wird im Wettbewerb einen Vorteil haben.

Die eindeutige Mehrheit aller Forscher, Managementberater und kluger

Unternehmensführer bestätigt immer wieder, dass Einfachheit zum Schlüssel für Höchstleistungen wird. *„Menschen mit einfach und klar strukturiertem Denken und Wissen werden den Informationssüchtigen langfristig klar überlegen sein."* (Hugh Heclo, George Mason University, Virginia). Michael Roever fasst verschiedene Erfahrungen von einfachen Unternehmen zusammen: *„Von den wenigen Maschinen- und Komponentenherstellern mit ausgesprochenen Spitzenleistungen in Rentabilität und Wachstum ist jeder einzelne durch und durch einfacher ausgelegt als seine leistungsschwachen Konkurrenten. Mehr noch: Die Leistungsunterschiede lassen sich meist allein mit eben dieser Einfachheit begründen. Die entscheidenden Schwächen von vergleichsweise schlecht abschneidenden Unternehmen liegen in den überbreiten Sortimenten, überlangen Wertschöpfungsketten und überzentralisierten Geschäftsfunktionen, also in der Überkomplexität. Viele der Tugenden, die in früheren Erfolgsanalysen bei Spitzenunternehmen ausgemacht wurden, lassen sich direkt auf den Faktor ,Einfachheit' – alias geringe Komplexität – zurückführen"*[19].

> *„Einfachheit ist eine Tugend. Einfachheit gibt Stärke."*
> *Ingvar Kamprad, IKEA*

Roevers Vorstellung, dass die Einfachheit zu einer neuen Kraft im Wettbewerb werden soll und einen Anstoß zu einem solchen Wandel der Managementkultur in den 90er Jahren geben sollte, scheint allerdings bisher nur bei wenigen gefruchtet zu haben. Erfolgreiche wie Ingvar Kamprad, der IKEA-Gründer, haben diesen Wettbewerbsfaktor schon lange erkannt: *„Einfachheit ist eine Tugend. Einfachheit gibt Stärke."* Das gibt Ikea zum Beispiel die Stärke, immer wieder mit spektakulären Innovationen aufzufallen. Jetzt ist geplant, den innerbetrieblichen Transport von Lager zu Lager von bisher 25 % zu 50 % auf die Eisenbahn zu bringen. Dafür wird Ikea eine eigene Eisenbahnlinie, die Ikea Rail, täglich zwischen dem schwedischen Ämhult und Duisburg verkehren lassen.

Ingvar Kamprad ist heute im Alter von über 70 Jahren aktiver denn je. Er hat erkannt – so sein Deutschland-Chef, Werner Weber – dass es in seinem stark wachsenden Unternehmen darauf ankommt, die Unternehmenskultur für die Zukunft zu erhalten. Die Einfachheit ist dabei das wichtigste Element.

Kommen wir endlich zum Wesentlichen.
Die Zeit wird knapp.

Schnell sein geht nicht ohne weiteres. Es gibt viele Hindernisse: in uns selbst beim Denken und Bedenken, mit unseren eigenen Ängsten und Unsicherheiten. Dazu kommt extern die Umwelt mit Hierarchien und Besprechungsritualen. Die Lösung nach dem Prinzip der Einfachheit kann sein: diese Hindernisse, die zur Langsamkeit führen, zu umschiffen durch Abkürzungen. Mit der wahrscheinlich einzigen wirklich begrenzten Ressource, nämlich der Zeit, ökonomisch umgehen heißt, die geraden Wege suchen, Hindernisse auslassen, bewusst ausklammern. Bereitschaft auch, damit das Risiko einzugehen, etwas Wichtiges auszulassen. Schnell sein geht nicht, wenn man alle möglichen Umwege mitgehen will.

Der Wissenschaftler Christof Koch, Neurobiologe an der CalTech California hat sich auch entschieden – mit dem Risiko des Scheiterns – Umwege zu vermeiden. Er äußerte sich über seine Forschungen auf dem Gebiet der Bewusstseinstheorie[20]. Verschiedene Fachleute machten ihm den Vorwurf, dass er sich auf die Analyse des visuellen Systems beschränke. Woher er denn die Gewissheit nähme, so zum Erfolg zu kommen. Seine Antwort ist eine Beschreibung des Erfolgsprinzips *Einfachheit: „Ich denke es ist derzeit nicht möglich, eine Bewusstseinstheorie aufzustellen, die mit allen Erkenntnissen kompatibel ist. Dafür ist unser Wissen vom Gehirn zu fragmentarisch. Man muss sich also für einen Ansatz entscheiden – und den verfolgen, ohne sich von widersprüchlichen Ergebnissen allzu sehr ablenken zu lassen. Es ist ganz einfach: Ich will das Problem in meinem Leben noch verstehen. Natürlich muss man irgendwann die verschiedenen Bewusstseinszustände erklären. Aber wenn man seinen Haustürschlüssel verloren hat, wird man den einfachsten Weg suchen, in sein Haus zu kommen – und das ist im Moment das bewusste und unbewusste Sehen. Es kann natürlich sein, dass die einzige Tür, die offen steht, nur in die Abstellkammer führt.“*

Die Frage bleibt: Was ist wirklich wichtig, worauf können wir verzichten, um schneller zu werden?

4 Wie könnte es einfacher sein?

*„Die Komplexität der Unternehmensführung
wird überschätzt.
Das ist keine Raketenwissenschaft."*

Jack Welch

Einfach *sein* und die Erkenntnisse *umsetzen* ist schwer. Ich glaube

80 %	der Menschen sind überzeugt von der Richtigkeit der These, man sollte alles einfacher machen,
40 %	verstehen die Zusammenhänge wirklich,
20 %	sind in der Lage, danach zu arbeiten und zu leben.

Die Beweise für den Erfolg von Einfachheit sind überdeutlich. Vernünftige Lösungen und das Selbstverständliche sind einfach zu verstehen. Oft werden komplizierte Gedankengänge gar nicht benötigt. Das Leben ist viel zu komplex und veränderlich, als dass es festen Regeln gehorchen würde. Ein Regelwerk, das jede Eventualität vorausahnt, ist unvorstellbar. Deshalb müssen wir uns in Bescheidenheit begnügen mit dem, was verständlich und machbar ist. Also Verzicht auf viele Regeln und Zulassung von Fehlern, Akzeptanz von Irrtümern, zufrieden sein mit dem nicht Perfekten. Das heißt auch, zufrieden sein mit den gegebenen Fähigkeiten von Mitarbeitern und nicht zwanghaft an Veränderungen arbeiten. Aktualisierung der Fähigkeiten und Kenntnisse, aber nicht unendlich viele Seminare besuchen zur Veränderung des Menschen. Mit Gelassenheit, nicht mit Fatalismus, das Gegebene hinnehmen.

Um Einfachheit zu erreichen oder dem Ziel möglichst nahe zu kommen, sind bestimmte Voraussetzungen zu erfüllen. Dazu gibt es dann Hilfsmittel, die unterstützend wirken.

Bedingungen der Einfachheit

Voraussetzung oder sogar Bedingung der Einfachheit ist das Vorhandensein klarer Ziele. Wenn das nicht gegeben ist, sind alle weiteren Mühen vergebens. An dieser Bedingung scheitern viele Projekte, Unternehmen und andere Vorhaben in der Gesellschaft. Mit den Zielen fängt ja alles erst an. Im Anfang liegt das Thema. Wenn das nicht klar ist, bleibt der Erfolg aus.

John Steinbeck sagte: *„Der erste Schritt zu einem Roman ist eine Kurzfassung auf einem einzigen Blatt."*

Ohne ein bestimmtes Maß an organisatorischer Gestaltung ist Einfachheit nicht möglich. Das sind die Autonomie, die Delegation und Dezentralisation und damit unverzichtbar verbunden ein bestimmtes Maß an Kontrolle.

Die weitere Bedingung ist die Konzentration auf das Ziel und auf die Absichten zur Umsetzung. Mit Wankelmütigkeit und immer wechselnden Zielen und Methoden geht der Weg verloren. Der Zick-Zack-Umweg führt nach Nirgendwo oder in die Beliebigkeit, daher braucht es Konsequenz im Handeln.

▸ Sinn und klare Ziele
▸ Autonomie
  (Dezentralisation, Delegation, Kontrolle)
▸ Konzentration und Konsequenz

Hilfsmittel der Einfachheit

Eine Reihe „weicher" Faktoren kann hilfreich sein. Vertrauen verringert Komplexität. Ähnlich verhält es sich mit der Angst und dem Mut. Angst und mangelnder Mut sind Ursachen von Perfektionismus, von Flucht und Nichtstun. Sie führen zur Unterlassung, nicht zur Unternehmung. Etwas tun ohne Aktionismus, etwas ausprobieren und sehen, was passiert, ist allemal besser als nichts tun, wissend, dass nichts passieren wird. Allerdings: das Tun gibt noch keine Garantie auf den Erfolg. Der Perfektionist, der alles bis zum Ende mit allen denkbaren Möglichkeiten und Vorsichtsmaßregeln durchplant, wird schwerlich fertig mit seinen Vorhaben. Es müssten Abstriche gemacht werden, es muss auf etwas verzichtet werden. Hilfreich ist auch der Einsatz des gesunden Menschenverstandes und damit verbunden die Bereitschaft, in bestimmtem Maß auf umfangreiche Analysen, Gutachten und Quantifizierungen aller Art zu verzichten. Weitere Eigenschaften von Menschen können unterstützend oder behindernd wirken: Aktivität oder Trägheit, Lust oder Unlust. Zur Verständigung untereinander braucht man eine Sprache, die alle verstehen.

- Mut (Umgang mit Angst)
- Vertrauen
- Gesunder Menschenverstand
- Verständliche Sprache
- Bekämpfung von Bürokratie
- Bewältigung von Ignoranz und Faulheit

Wirkungen der Einfachheit

Die alles überragende Wirkung der Einfachheit ist die Tatsache, dass das Wesentliche deutlich wird und in das Zentrum der Bemühungen gerät. Was wesentlich ist, wird mehr beachtet und gepflegt. Damit steigen die Chancen für bessere Qualitäten, für höhere Produktivität bei der Erstellung des Produktes oder bei der Realisierung eires Vorhabens. Damit ist verbunden, dass die Ergebnisse schneller und sicherer erreicht werden. Wenn das Wesentliche im Mittelpunkt steht und entsprechend Beachtung findet, kann auf das Übrige verzichtet werden. Damit steigt die Übersicht. Man hat alles andere besser im Griff und kann so gelassener und mit weniger Stress an der Arbeit sein. Jeder Schnickschnack, jedes Drumherum ist ein Zuviel, das vom Kern ablenkt.

- Wesentliches im Zentrum
- Bessere Qualität
- Bessere Übersicht
- Produktiver
- Schneller
- Sicherer
- Gelassenheit und Stressvermeidung

Manche sehen es anders: „Komplexität mit Komplexität begegnen"

Der Einwand, komplexe und vernetzte Situationen könne man nicht mit Einfachheit bewältigen, ist falsch.

Besonders aus der Wissenschaft kommen die Ansichten, komplexe Situationen oder komplexe Fragen brauchten eine komplexe Bearbeitung oder komplexe Antworten. Andere sprechen von „gefährlichen Vereinfachungen".

Bedenken gegen den Weg der Vereinfachung kommen von Stafford Beer, dem Begründer und Altmeister der Management-Kybernetik: *„Wir haben gelernt, Informationen in winzige Bits herunter zu brechen. Systemisches Denken ist wenig verbreitet. Auch die Wissenschaft funktioniert seit 200 Jahren so. Auch Manager denken in reduzierenden, vereinfachenden Begriffen; mit fatalen Folgen für die Unternehmen. Wenn Mitarbeiter unter dem Aspekt von fraktionierten Fertigkeiten betrachtet werden, gehen wesentliche Informationen und Erkenntnisse verloren. Das systemische Management schaut auf das Ganze der Strukturen und Beziehungen in einer Organisation."*[21]

Ähnlich äußert sich Frederic Vester, ebenfalls ein anerkannter Systemwissenschaftler.[22] Zusammen mit Michael Steinbrecher, Projektleiter bei DaimlerChrysler, versucht Vester zu begründen, *„dass Unternehmen als Antwort auf externe Komplexität eine adäquate Eigenkomplexität ausbilden müssen, um die Komplexität im Umfeld zu absorbieren und so der Entscheidungsunsicherheit zu begegnen."* Mit Hilfe von Simulationen und Computermodellen wird versucht, *„das komplexe Zusammenspiel der Austauschbeziehungen zum Umfeld zu verstehen und darin systemverträglich zu agieren".*

Mit den Methoden der Kybernetiker sind komplexe Modelle und deren innere und äußere Vernetzungen gut darstellbar. Es werden anschauliche grafische und systemische Darstellungen benutzt, in denen die Verbindungen und Abhängigkeiten der Elemente mit Pfeilen, die meistens in mehrere Richtungen zeigen, erkennbar sind. Für die Praxis ist jedoch nicht die Darstellung der Komplexität wichtig, sondern die Methode, mit der man in dieser Komplexität handlungsfähig werden und bleiben kann. *Die Darstellung ist nicht das Ziel, sondern die praktische Handlungsanleitung.* Dafür wird eine Sicht auf das Wesentliche und deren Zusammenhänge benötigt. Wohl wissend, dass es Berührungen und Zusammenhänge gibt, sind dennoch die Elemente so weit wie möglich voneinander zu trennen. Der Ansatz der Einfachheit ist nicht aus der Luft gegriffen, sondern durch vielfältige Erfahrungen im Management verschiedener Unternehmen begründet. Aldi, eines der erfolgreichsten Unternehmen der Welt, gehört mit seinen Systemen der Einfachheit zu diesen Erfahrungen. Verzicht, Weglassen, Ausprobieren, Intuition, Autonomie sind die Antworten der Praxis an die Kybernetiker.

Eine Antwort ist auch, Organisationen so klein und überschaubar zu halten, dass eine ganzheitliche systemische Betrachtung überhaupt erst möglich wird und noch sinnvoll bleibt. Die Forderung nach klaren Zielen, die natürlich das Umfeld zu berücksichtigen haben, begünstigen die einfache Betrachtungsweise. Die Annahme von Vester und Steinbrecher vom unternehmerischen Ziel der kurzfristigen Gewinnmaximierung sind überholt und als Leitmaxime für ihre Modelle ungeeignet.

Einfache Lösungen sind nur zu finden durch kreatives Herantasten und Ausprobieren. Dabei gilt es, spielerisch zu probieren und immer wieder zu korrigieren. Intuition ist gefordert. Manche vermissen die Wissenschaftlichkeit und die intellektuelle Anforderung. Aber einfache Lösungen werden schnell umgesetzt und sind erfolgreich. Die Bedingungen der Einfachheit sind einzuhalten, die Hilfsmittel zu mobilisieren.

Jack Welch zeigt seinen Weg zur Vereinfachung auf. General Electric soll den Organismus eines Großunternehmens mit der Seele eines Kleinunternehmens entwickeln. Das ist die Realisierung von Autonomie und Dezentralisation: Das wertvollste Unternehmen der Welt mit einem Börsenwert von fast 400 Milliarden Dollar hat die Seele eines Krämerladens.

Die Gefahr, zu sehr zu vereinfachen, besteht nicht, wenn man sich der den Dingen zugrunde liegenden Komplexität bewusst ist. *„Macht alles so einfach wie möglich, aber nicht einfacher,"* riet Albert Einstein.

Der Biokybernetiker Ludwig von Bertalanffy sagte:

„Überstarke Vereinfachungen, die man im Weiteren ständig korrigiert,
sind die wirksamsten oder sogar eigentlich die einzigen Mittel,
um die Natur zu verstehen."

Analog zur Natur geht es um das Verständnis von Unternehmensprozessen und von Wirkungen von Unternehmenshandlungen auf den Märkten. Das Prinzip Versuch und Irrtum entspricht genau der von Bertalanffy beschriebenen Vorgehensweise. Danach gibt es nicht die Gefahr, zu sehr zu vereinfachen.

Früher schien die Vereinfachung nicht notwendig, weil vieles schon einfach war. Das Problem existierte nicht in dem Maße. Heute ist die Bewältigung von Komplexität ein Muss. Trotz aller Komplexität und Widersprüchlichkeit in der Welt müssen wir handlungsfähig werden. Das bedarf einer hoch geistigen Anstrengung, nämlich der Abstraktion vom Komplexen zum Wesentlichen.

Folgende Abbildung zeigt, dass es drei entscheidende Schritte sind, die bewusst gegangen werden müssen, um Komplexität zu verringern, Einfachheit zu erreichen und letztlich die verbleibende notwendige und durchaus sinnvolle Komplexität zu beherrschen:

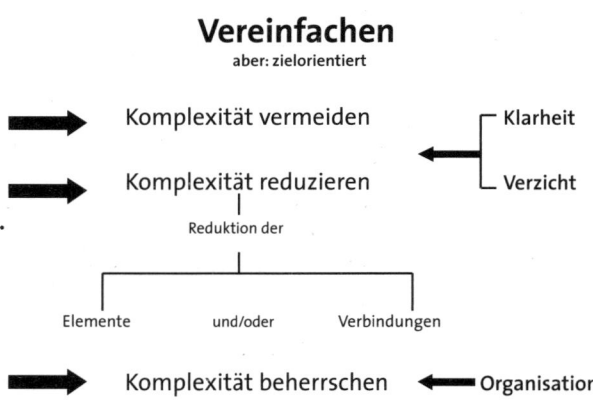

Der erste Schritt ist die bewusste Vermeidung von Komplexität. Der nächste Schritt ist die zu akzeptierende Komplexität zu reduzieren, und zwar so weit wie möglich und wie es das angestrebte Ziel zulässt. Zur Vermeidung und zur Reduktion brauch es vor allem zwei Fähigkeiten: *Klarheit* über die zu erreichenden Ziele und *Verzicht* auf alle Handlungen und Regelungen, die nicht notwendig oder sinnvoll sind, um das Ziel zu erreichen. Beide Schritte können ohne Klarheit und Verzicht nicht gegangen werden. Die Reduktion der Komplexität kann – wie schon gezeigt wurde – erreicht werden durch eine Verringerung der Anzahl der Elemente und / oder durch eine Kappung von Verbindungen zwischen diesen Elementen.

Teil 3

Warum machen wir es nicht einfach?

Hindernisse auf dem Weg zur Einfachheit

„Verbringe nicht die Zeit
mit der Suche nach einem Hindernis,
vielleicht ist keines da."

Franz Kafka

5 Unklare Ziele: Den Kunden aus dem Blick verloren.

E-Commerce: das Einfache nicht begriffen

Die Direktkauf AG scheiterte zwei Jahre nach ihrer Gründung 1998 mit einem Konkurs. Die Pleite wird in einem Zeitungsbericht als exemplarischer Fall geschildert[23]. Dabei wird aber fast ausschließlich abgehoben auf Themen wie Streit unter Gesellschaftern, auf eine zu heterogene Aktionärsstruktur, und auf Kapitalgeber, die sich plötzlich zurückzogen. Vom Multimillionär in die Pleite. Woran lag es aber wirklich? Was war die Geschäftsidee? Direktkauf AG wollte Waren des täglichen Bedarfs bundesweit an die Haustür liefern. Es scheint, die Interneteuphorie und der Spieltrieb ist mit dem Gründer Thomas Reichart und seinen Kapitalgebern durchgegangen. Er habe einen „Hochleistungsmotor aufgebaut, der viel teures Benzin verbrauchte", so hieß es. Die Fachanwältin für Insolvenzrecht, Barbara Beutler, meinte, das Konzept sei nicht schlecht gewesen. Falsch: es war schlecht. Im Jahr 1999 erzielte das Unternehmen laut Angabe „immerhin" drei Millionen Euro. Das ist ein Umsatz, den Aldi in einem seiner kleinsten Läden erreicht mit einem Betriebsergebnis von 200.000 Euro; die Direktkauf AG machte in den ersten beiden Geschäftsjahren einen Verlust in zweistelliger Millionenhöhe.

Unternehmensgründungen erzielen nicht am Anfang schon Gewinne. Das ist nicht der entscheidende Punkt. Entscheidend ist ein stimmiges Geschäftskonzept. Wie kann Thomas Reichart auf die Idee kommen, ein so komplexes Geschäft aufzubauen, bei dem alle Privatkunden in Deutschland täglich ihre Lebensmittel erhalten können? Wie andere E-Commerce-Unternehmen hat auch er offenbar vergessen, an den Sinn zu denken. Den hat auch die Fachanwältin für Insolvenzrecht offenbar nicht verstanden, diese Frage hat die Autorin des Artikels ebenfalls übersehen. Warum sollten die Leute bei Thomas Reichart kaufen? Wie und wo kann er zu welchen Bedingungen sein Sortiment einkaufen? Wie kann er mit welchen Kosten Lagerhaltung und Logistik bewältigen? In den USA wollte ein ähnliches Unternehmen wie die Direktkauf auch Lebensmittel an die Konsumenten verkaufen. Die Phantastereien der Webvan Group Inc. führten in eine grandiose 1-Milliarde-Dollar-Pleite.

Nur wer diese Fragen schlüssig beantwortet, hat eine Chance Geschäfte zu machen. Jörg Kühnapfel hat diese Anforderung an die Unternehmensgründer in klaren Worten formuliert: *„Nur wer seiner Tante und seinem Onkel den Geschäftsplan in wenigen Sätzen erklären kann, verfügt über eine erfolgversprechende Strategie."* Reicharts Kapitalgeber haben diesen Satz nicht gekannt. Weit verbreitet scheint es zu sein, sofort in komplexen Zusammenhängen zu denken und dabei das Wesentliche aus dem Blick zu verlieren. Das Wesentliche aber sieht man eben nur, wenn man sich beschränkt, wenn man versucht, einfache Zusammenhänge zu bilden und zu verstehen. Das Internet ist nur ein interessantes Vehikel zum Kunden.

Die Frage ist zu beantworten, warum der Kunde denn überhaupt über das Internet kaufen sollte. Kann er nicht doch besser in den Supermarkt oder zu Karstadt gehen? Die etablierten Versandhäuser sind mit ihren Systemen Profis für solche Geschäfte. Otto und Quelle können so etwas. Das Problem: Kontakt aufbauen zum Kunden – ja, das können viele. Den Kunden zum Kaufen zu bringen – vielleicht auch noch. Aber dann den Kunden auch noch beliefern? – nein. Das schaffen die Newcomer dann doch nicht. Ohne Lager? Ohne Logistik? Ohne Sortiment? Ohne Einkauf? Ohne Kenntnis der Produkte? Nur mit Computern im Keller – das reicht nicht.

Andere haben sogar geglaubt, man könne eine gute Idee irgendwelcher Art ins Internet stellen, und wegen der Zugriffshäufigkeit der Surfer würden viele Unternehmen interessiert sein, auf dieser Seite ihre Werbung zu schalten. In Wirklichkeit also hatte man die Idee, eine Litfaßsäule zu sein. Unbeachtet blieb dabei, dass es für die Surfer dauerhaft Sinn machen muss, die Seite zu besuchen und dass sie Lust haben müssen, die dort vorgefundene, möglicherweise störende Werbung zu beachten. Fehleinschätzung über Fehleinschätzung gegen den gesunden Menschenverstand. Sinn macht es eine interessante Seite aufzusuchen, etwa die von Amazon, Ebay oder Otto Versand oder die von guten Zeitungen und Zeitschriften mit ihren aktuellen Nachrichten.

Immer wieder wird übersehen, dass die neue Technologie, dass die Computer nur ein Medium sind, aber kein neues Geschäft schlechthin. Im Prinzip – auch wenn manche von „Quantensprüngen" sprechen mögen – haben wir mit der neuen Technologie nichts anderes als mit den Lochkarten früher. Es hat sich nur ein eigener Markt gebildet für den Informationsaustausch. E-Mail statt Brief, evtl. Internet statt Zeitungsdruck. Das Internet ist ein Medium für den Austausch digitalisierter Informationen. Physische Von-Haus-zu-Haus-Transporte sind nicht digitalisierbar. Es macht einen Unterschied, 20.000 Artikel von der Tengelmann-Zentrale mit einem Sattelschlepper in einige Läden zu fahren, die dort von Tausenden von Kunden abgeholt werden, als diese 20.000 Artikel durch die Gassen der Großstädte mit kleinen LKWs zu Tausenden von Kunden bis in den 4. Stock der Häuser zu transportieren.

Die Hamburgischen Electricitätswerke handeln mit Kaffeemaschinen

Offenbar ist es schwierig, dem Kunden ein sinnvolles Angebot im Energiebereich zu machen. Der unübersichtliche Wettbewerb zwischen den Stromkonzernen veranlasst diese dazu, Autos, Flugreisen oder ein Set für die Hausbar zu offerieren. Damit soll der Kunde Punkte sammeln. Die Geschäftspost, die Tageszeitung und Fachzeitschriften verlangen die tägliche Aufmerksamkeit nach dem Leeren des Briefkastens. Dazu kommen immer mehr Broschüren mit Preisausschreiben und Aufforderungen zum Sammeln von Punkten. Dazu haben sich jetzt auch die Stromversorger gesellt. Sind denn alle verrückt geworden? Wissen die nicht, wie man sicher und günstig Strom verkaufen kann? Will der Kunde wirklich mehr? Ist das zielorientiertes strategisches Handeln, ist das Kundenorientierung, die so intensiv von neunzig Prozent aller Unternehmen als wichtigste Aktivität bezeichnet wird? Oder ist das pures Marketing?

Ich wollte hinter die HEW-Marketing-Aktivitäten schauen und brauchte zunächst zehn Minuten, bis ich auf den HEW-Pages feststellen konnte, dass ich 6050 Punkte auf meinem Punktekonto habe. Ich könne mir dafür etwas aussuchen. Verschiedene schöne Angebote erscheinen. Ich finde einen Siemens-Kaffeeautomaten interessant. Aber zu den 6000 Punkten soll ich noch 199 Mark zuzahlen. Dass ich etwas zuzahlen muss, wird mir zwar nicht sofort deutlich, aber ich komme bald dahinter. Ich verzichte auf das Angebot. Ich weiß ja gar nicht, was der Apparat im Handel kostet, ob dieses Angebot günstig ist. Ich bin verärgert.

Ich mache einige Wochen später einen zweiten Versuch. Aus einem größeren Angebot wähle ich zwei mal „Spanisches Weinduo". 5000 Punkte muss ich opfern, aber nichts zuzahlen. Nach zwei Wochen erhalte ich ein Schreiben: „Vielen Dank für Ihre Bestellung. Aufgrund der sehr starken Auftragsannahme ist die von Ihnen bestellte Aktionsprämie leider ausverkauft. Daher können wir Ihre Prämienbestellung nicht ausführen." Ich bin wiederum verärgert und beginne mich zu fragen, ob das wohl auch der richtige Stromlieferant ist – über den ich mich immer ärgern muss. Zumindest dankt man dann noch für mein Verständnis, das ich gar nicht habe, und wünscht mir weiterhin viel Spaß mit meiner HEW-Card.

Ich will nur Strom und meine wertvolle Zeit nicht verschwenden. Der nächste Brief von den HEW, persönlich adressiert: 46 Seiten verschiedenster Unterlagen: Gutscheinhefte, Bestellformulare, Unterlagen und Erläuterungen zum Punktesammeln bei 50 Firmen und Veranstaltern und eine praktische HEW-Card-Mappe. Mit der Kundenkarte könnte ich bei McDonalds billiger essen oder das Kieser-Fitness-Studio günstiger nutzen. Ein Besuch mit meinen Enkeln im dänischen Legoland mit einer Ersparnis von 30 Euro wäre auch nicht schlecht. Das Sinnvollste erschien noch ein Angebot zur einmaligen kostenlosen Nutzung der Störungsbeseitigung an der Kundenanlage einmal per anno, obwohl ich gar nicht weiß, was eine Kundenanlage in meiner Wohnung ist. Vielleicht ist es der Sicherungskasten oder der Zählerkasten? Geht der denn so oft kaputt? Alles dieses sollen die Kunden nun bedenken, klären, sich entscheiden, arg kompliziert, weil die HEW sich für Komplexität entschieden haben.

Was ist die Botschaft des Stromanbieters HEW an seine Kunden? Zugegeben, es scheint nicht auf der Hand zu liegen, was die Gründe sein können, bei diesem oder jenem Stromanbieter Kunde zu sein. Der Preis fällt natürlich sofort als Grund ein. Sinn könnten auch die neuen Ideen machen, wonach der Kunde selbst seinen Mix aus verschiedenen Energiequellen zusammenstellen und damit sogar seinen Preis beeinflussen kann.

An der Frage, warum die Kunden gerade seinen Strom kaufen sollten, kommt der Stromanbieter aber nicht vorbei. Da muss eine glasklare Antwort her. Und wenn der Grund nur im Preis liegen sollte, so hat das Unternehmen die Aufgabe, alle Funktionen und Aktivitäten so zu gestalten, dass es zum Kostenführer werden kann. Der Spruch des HEW-Pressesprechers, Mario Spitzmüller, ist nicht genügend: *„Wir versorgen unsere Kunden eben nicht nur mit Strom, sondern auch mit guten Ideen."* Wer will eigentlich von allen möglichen Unternehmen permanent mit so genannten „guten Ideen" rundum versorgt werden? Hermann Simon spricht[24] vom *„Gelben Gefasel – Stimmt der Kern nicht, bleibt die Marke Illusion."*

Die Europäische Union weiß noch nicht, was sie will

Ein großes Problem der EU besteht heute in ihrer großen Komplexität. Der ehemalige deutsche Außenminister Klaus Kinkel hat einmal gesagt, dass man den Bürgern die EU nicht mehr erklären könne, weil sie zu kompliziert sei. Das Problem ist nicht, sie verständlich zu machen. Das Problem ist ihre ureigenste Bestimmung, die nicht verständlich ist. Wenn das Ziel oder der Sinn der EU wirklich klar wäre, dann könnte sie auch jeder verstehen, dann muss man fast nichts mehr erklären. Ikea und Southwest-Airlines müssen den Kunden auch nichts erklären. Politiker können dem Bürger eine Politik nicht verständlich machen, deren Absichten sie selbst nicht klar und eindeutig beschreiben können. Die Aufgabe lautet, Sinn und Ziel der EU mit einfacher Sprache so konkret und griffig zu formulieren, dass jeder es versteht und die handelnden Personen und Institutionen handlungsfähig werden.

Das ist das Problem:

1. Komplex wird es, wenn man **mehrere und zudem nicht klar definierte Ziele** verfolgt. Komplex wird es, wenn Ziele **unverständlich formuliert** sind. Einfachheit wird unmöglich, **wenn unklar bleibt, was wesentlich ist,** was erreicht werden soll, und warum das gewollt ist.

2. Problematisch ist es, wenn ein Unternehmer das Ziel seines Unternehmens und den Grund für seinen Markterfolg *nicht in einer Minute formulieren kann.*

3. Ziele geben Richtung und Sicherheit. Schon zwei Ziele können zu komplex sein. *Zwei Fliegen mit einer Klappe zu schlagen, scheint verlockend,* kann aber leicht scheitern. Hier liegt das erste und das Haupthindernis auf dem Weg zur Einfachheit.

6 Angst: Komplexitätstreiber Nummer 1

Die amerikanische Psychologin Carol Moog diagnostiziert bei Managern eine tiefsitzende Angst vor dem Einfachen. Angst davor, etwas auszulassen, etwas wegzulassen. Sämtliche Optionen will man berücksichtigen, um nur nicht von irgend jemand gescholten zu werden[25].

Die Bürokratie wuchert, weil es so viele Menschen gibt, die Risiken nicht tragen wollen. Man ordnet und ordnet, man managt und managt, um Fehler und Risiken auszuschalten. Großkonzerne arbeiten mit einer Reisekostenordnung von 87 Seiten, weil sie befürchten, dass die Mitarbeiter auf Kosten des Unternehmens sich privat vergnügen oder nicht verantwortungsbewusst genug sind, um sparsam mit den Firmengeldern umzugehen.

Die Angst des Managers

Infineon-Chef Ulrich Schumacher klagt über die Rolle des modernen CEO im Gespräch: *„Die Anforderungen werden immer brutaler, Komplexität und Geschwindigkeit nehmen ständig zu. Es gibt heute einen Zwang zu schnellen Entscheidungen."* Vielleicht hat gerade diese Einstellung dazu beigetragen, dass er den katastrophalen Börsenkurs-Sturz nicht verhindern konnte. Es gab mit Sicherheit andere wichtigere Kriterien für die erfolgreiche Entwicklung des Unternehmens als gerade der „Zwang zu schnellen Entscheidungen". Die Angst, es nicht zu schaffen, dem Druck und den Zwängen hilflos ausgeliefert zu sein, macht unfähig, klug und kreativ zu handeln.

Was ist los auf den Managementetagen? Stimmt es überhaupt, dass es heute mehr denn je einen Zwang zu schnellen Entscheidungen gibt, wie es Ulrich Schumacher behauptet? Wurde das nicht zu jeder Zeit behauptet? Erhebliche Zweifel sind darüber anzumelden, dass die genannten Ängste, der Zwang der Umstände und die Anforderungen immer brutaler werden. Vielmehr ist anzunehmen, dass Ängste oft ein rein persönliches Thema sind. Und da das so weit verbreitet ist, **wird Angst zu einem bestimmenden Element in den Betrieben.**

85 % der Manager leiden unter Schlaflosigkeit, einem nervösen Magen und Herzrhythmus-Störungen. 2/3 erwarten, dass der Stress noch zunehmen wird[26].

Eine Führungskräfte-Befragung der Fachhochschule Köln „Wovor Manager sich fürchten":

Jobverlust	69 %
Unfall/Krankheit	69 %
Fehler zu machen	59 %
Wertschätzung und Anerkennung zu verlieren	56 %
Konkurrenten	36 %
Autoritätsverlust	35 %
Innovationen	35 %
Mitarbeitern nicht gerecht zu werden	20 %
Fehlinformationen intern	44 %
Überforderung	19 %

Grob gesagt, haben 70 Prozent der Manager Angst bei ihrer beruflichen Tätigkeit. Vorgesetzte, die ihren Mitarbeitern Angst machen, haben wiederum selber Angst vor anderen Vorgesetzten oder vor dem Aufsichtsrat. Unternehmensführung in Angst! Die Angstkultur kann keine Basis sein für eine gesunde und produktive Entwicklung. Die Unternehmen können sich das nicht leisten. Oft fühlen Unsichere und Ängstliche sich sicherer, wenn sie von Regeln und Anordnungen umgeben sind. Aber das ist zumindest für das Management nicht akzeptabel, weil Freiheit und Autonomie notwendig sind.

Angst vor Fehlern, Versagen, vor Verantwortung – obwohl Führungskräfte nach Handlungsspielräumen und nach Entscheidungsfreiheiten streben. Solche Freiheiten sind zur Führung in einer komplexen Welt auch notwendig, anders geht es gar nicht. Aber: Freiheit ist auch immer die Freiheit zu scheitern. Wer also Autonomie und Freiheit will und keine angepassten und gehorchenden Führungskräfte, der muss folgerichtig Scheitern zulassen.

Angst: Schutz vor Bedrohung – Motor zu Aktivitäten

Angst erfüllt lebenswichtige Funktionen. Sie warnt uns vor Gefahren. Sie hilft, bedrohliche Situationen mit Kraft, Energie und Ausdauer zu bestehen, solange sie nicht lähmend wirkt. Angst macht uns vorsichtig. Wichtig ist, die Ängste zuzulassen und sie nicht zu unterdrücken. Das ist die einzige Möglichkeit, mit ihr sinnvoll umzugehen.

Die Urangst ist **die Angst um das Überleben, um die Sicherheit**. Dramatisch deutlich wurde allen Menschen in der Welt die allzeit vorhandene Angst nach den Anschlägen in New York und Washington am 11. September 2001. Angst ist gleichsam immer gegenwärtig und kann jeden Augenblick ins Bewusstsein treten, wenn sie innen oder außen mit einem Erlebnis verbunden wird. Wir haben die Neigung, ihr auszuweichen, sie zu vermeiden. Wir haben Techniken und Methoden entwickelt, sie zu verdrängen, sie zu betäuben oder zu überspielen und zu leugnen. Diese und die folgenden Gedanken kann der Leser vertiefen bei dem Psychoanalytiker Fritz Riemann[27].

Früher machte der Blitz den Menschen große Angst. Heute weiß man um die Zusammenhänge und darum, wie man sich relativ einfach vor dem Blitz schützen kann. Der Blitz von heute ist das Atomkraftwerk oder der Terrorismus (als ob es eine konstante Menge Angst in uns geben müsste).

Angst lähmt

Es gibt extreme Situationen, in denen Angst alles blockiert. Die schützende Funktion von Angst geht verloren, wenn die Lähmung ein rettendes Handeln unmöglich macht. Angst vor der Angst, also die Angst, dass ich es gleich mit meiner Angst zu tun bekomme, das ist das am meisten Lähmende und Hemmende.

Jochen von Wahlert, Facharzt für psychotherapeutische Medizin in München: *„Angst lähmt und untergräbt das Selbstbewusstsein und die Gesundheit. Angst erstickt die Neugierde und tötet die Kreativität. Angst macht unflexibel und lässt uns vor Veränderung zurückscheuen. Angst macht einsam. Oft wird die Fassade noch monatelang, manchmal jahrelang aufrecht erhalten, mit viel Anstrengung und Überforderung. Gefühle werden abgewehrt, unterdrückt, runtergeschluckt. Die Folgen: Panik, Burnout, Erschöpfungszustände, Krisen, Depressionen, Alkohol, Medikamente, Drogen. Wer seine Emotionen abgespalten hat, tut sich schwer in Beziehungen. Soziale Kompetenz und Bindungsfähigkeit sind aber die Grundlagen* *nicht nur für die körperliche und seelische Gesundheit, sondern auch für den beruflichen Erfolg."*

Passivität

Angst lähmt Kreativität und Risikobereitschaft, sie behindert Problemlösungen. Entscheidungen werden hinaus gezögert. Nur wer nichts tut, macht garantiert keine Fehler. Er ist dann im wahrsten Sinn des Wortes ein Lahmer. Doch man kann die Angst bewältigen und konstruktiv mit ihr umgehen. Das zeigt das Passivitätsmodell der Transaktionsanalyse von Eric Berne. Mit dem Passivitätsmodell wird menschliches Verhalten erklärt[28].

Wenn Probleme zu lösen sind, so können wir unsere gesamten Fähigkeiten, unser Denken, Fühlen und Handeln einsetzen. Wir können aber auch passiv bleiben und die Handlung und Verantwortung anderen überlassen.

Es gibt zwei grundsätzliche Wege, im Management mit Angst umzugehen:

Aktivität: die Angst wird beherrscht
▸ Angst wahrnehmen und beachten,
  aber sich nicht davon beherrschen lassen
▸ fragen und beobachten
▸ Hypothesen bilden
▸ Varianten überlegen
▸ Ziele formulieren und entscheiden
▸ verzichten
▸ Komplexitäten vermeiden
▸ Prozesse überprüfen und evtl. verändern
▸ Fehler beheben

Erfolg: *es wird am eigentlichen Geschäft gearbeitet*

Passivität: die Angst beherrscht das Geschehen
▸ nichts tun und aussitzen
▸ vermeiden
▸ vergessen

- verharmlosen
- unterwürfig anpassen
- Aktionismus, Geschäftigkeit
- Scheinaktivitäten
- Perfektion von Scheinaktivitäten
- Komplexität installieren

Misserfolg: *es wird am eigentlichen Geschäft vorbei gearbeitet*
kurzfristige Entlastung von Angst
oder: Angst bleibt und verstärkt sich

Dazu ein Beispiel:

Im März ist der Umsatz eines Unternehmens unerwartet um acht Prozent gegenüber dem Vormonat zurückgegangen. Der Aufsichtsrat macht sich Sorgen über die Entwicklung und diskutiert dieses Thema mit dem Vorstand.

- Reaktion von Vorstand A (bestreitet, dass überhaupt ein Problem vorliegt): „Ich kann darin gar kein Problem erkennen. Ein Monat sagt noch gar nichts."
- Reaktion von Vorstand B (spielt das Problem herunter): „Acht Prozent sind wirklich kein bedeutender Rückgang. Die Branche liegt deutlich weiter zurück."
- Reaktion von Vorstand C (behauptet, dass Problem sei nicht zu vermeiden): „Das war nicht zu vermeiden. Die Kunden haben nicht gekauft."
- Reaktion von Vorstand D (sieht keine andere Möglichkeit): „Wir hatten keine Mittel, um auf die Umsatzentwicklung einzuwirken. Es fehlten uns die Ideen."

Erst wenn die Bereitschaft vorhanden ist, ein solches Problem wirklich wahrzunehmen, besteht die Möglichkeit zum Handeln. Die typische Reaktion des passiven Verhaltens aber ist

- **Nichts tun:**
  Alle Energie wird eingesetzt, Aktivitäten zur Problemlösung zu vermeiden. Andere werden aktiv und übernehmen die Verantwortung. Der Vorstand tut nichts. Stattdessen wird der Aufsichtsrat aktiv und beauf-

tragt eine Unternehmensberatung mit der Untersuchung des Problems oder der Aufsichtsrat beginnt, über die Ablösung des Vorstands nachzudenken.

▸ **Überanpassung:**
Scheinbare Aktivitäten werden ergriffen. Voraus eilender Gehorsam wird geleistet. Es wird auf die Erwartungen der anderen eingegangen. Der Vorstand hat in Erwartung harter Kritik bereits für eine gute Arbeitsatmosphäre und ein gutes Essen gesorgt.

▸ **Aktionismus:**
Es besteht die Hoffnung, dass sich das Problem irgendwie löst, wenn man irgend etwas tut. Der Vorstand zeigt den neuesten Werbespot und führt die neuen Produkte vor. Blinder Aktionismus ist ein bedeutender Misserfolgsfaktor. „Hauptsache es passiert was."

▸ **Selbstbeeinträchtigung:**
Man macht sich unfähig, sich mit dem Problem auseinander zu setzen. Der Vorstand bietet seinen Rücktritt an.

Mit den verschiedenen Möglichkeiten versuchen Menschen, ihre Angst zu bewältigen. Sie spüren sie zumindest augenblicklich und kurzfristig nicht mehr. Doch das ungelöste Problem holt sie wieder ein. Lösungsmöglichkeiten werden erst in Angriff genommen, wenn Bewusstheit entsteht über die eigenen Handlungsweisen. Aktionismus ist die Folge von Angst. Blind läuft man ins Verderben – oder in noch schlechtere Ergebnisse. In der Flaute hilft dem Kapitän kein Aktionismus, im Sturm auch nicht. Blinder Aktionismus ist ein bedeutender Misserfolgsfaktor. Die vielen Verkaufsaktionen und Sonderaktionen im Handel sind zum erheblichen Teil reiner Aktionismus, nicht selten sehr blind mit Blick auf die Forderung nach klarer Zielorientierung allen Handelns.

Eine allgemein um sich greifende Unsitte behindert zusätzlich die Auseinandersetzung mit Angst und Mut. Das sind die langfristigen Anstellungsverträge mit horrenden Abfindungssummen. Risiken werden ausgeschaltet. Vorstände können ihre Passivität oder ihren Wagemut bis zum naiven Leichtsinn übertreiben, weil ihnen ja wenig passieren kann. **Mut und Verantwortung** brauchen **eigenes Risiko** und dazu möglichst **eigene Unabhängigkeit**.

Der Antreiber heißt: Sei perfekt

Perfektionismus, aus der Angst geboren, ist eine Ausprägung von Passivität. Fast immer handelt es sich um nutzlose, aber hastige, getriebene Aktivitäten. Der Perfektionist fürchtet, die falsche Entscheidung zu treffen. Er kann nicht aufhören. Er weiß nicht, wann es genug ist: wann ist genug geprüft oder überarbeitet? Aus dem Irgendwann kann ein Nirgendwann werden. Er hat Schwierigkeiten mit Maß und Grenze. Der Perfektionist glaubt, dass es für jedes Problem eine spezifische und klare Antwort, eine eindeutige Lösung oder eine beste Lösung gibt. Ein „ungefähr", eine unscharfe Aussage im Sinne der Fuzzy-Logic kommt für ihn nicht in Frage.

Der Perfektionist sucht in seiner Angst nach Sicherheiten, Regeln und Ordnungen und trägt zu deren Vervollkommnung bei. Nicht die Ordnung und Sicherheit an sich wird angestrebt, sondern die Sorge vor Unvollkommenheit und Unordnung ist wegweisend. Der Perfektionist fürchtet sich vor Chaos und Unbekanntem. Sein Antreiber sagt ihm: „Sei perfekt!"

Immer wieder ist in den Betrieben zu beobachten, dass gefragt wird: „Was sagt die Regel?" oder „Das sollten wir regeln." Der perfektionistische Mensch traut niemandem, weil er sich selbst nicht trauen kann. Hinter der makellosen Fassade des Perfektionisten steckt der unsichere Mensch.

Wer nur Vollkommenheit anstrebt, erreicht am Ende gar nichts. Das Perfekte ist eine Illusion, und der Aufwand steht oft in keinem angemessenen Verhältnis zur Leistung. Helmut Maucher hat die Optimierer durchschaut: *„Tendenziell steckt zu viel professionelles Abwägen, Perfektionismus und Kompromissbereitschaft in jeder großen Firma. Ich kann keine Leute gebrauchen, die sich vor lauter Professionalität und Narzissmus ständig selbst optimieren."*

Menschen brauchen Sicherheitsinseln: Mitarbeiter, Vorstände, Fußballtrainer

Felix von Cube sagt in seinem Buch „Lust an Leistung"[29]: *„Es gibt ein menschliches Grundbedürfnis nach Sicherheit. Neue Situationen und Ereignisse* *lösen aber nicht nur Unsicherheit aus, sondern auch Neugier. Wenn es gelingt, die aufkommende Unsicherheit in Sicherheit zu verwandeln, stellt sich auch wieder ein Gefühl der Kompetenz und des Selbstvertrauens ein. Dazu brauchen die Mitarbeiter Sicherheitsinseln, von denen aus sie in das Neue vordringen können."*

Diese Erkenntnis und die Anregung zu Sicherheitsinseln ist ein wesentliches Motiv für die Begründung von Autonomie und Delegationsbereichen. Hier kann der Mitarbeiter sozusagen auf seiner eigenen Insel herrschen ohne ständige Beobachtung, ohne ständiges Hereinreden und Kontrollieren. Auf seiner Sicherheitsinsel darf der Mitarbeiter in eigener Verantwortung Fehler machen. Das müssen die Unternehmensleitungen unterstützen und sichern. Fehler sind vor allem Symptome. Oft sind Fehler nicht die Fehler der Mitarbeiter, sondern die Fehler der Chefs oder der Organisation.

Fehler sind Symptome für
- ▶ unklare / fehlende Ziele
- ▶ unklare / fehlende Delegation von Aufgaben, Kompetenzen und Verantwortungen
- ▶ überholte Arbeitsweisen
- ▶ fehlende Informationen und Transparenz
- ▶ fehlende Kontrolle oder gar Desinteresse der Führung
- ▶ Beziehungsstörungen
- ▶ Probleme in der Person

Die Grundforderung zur Vereinfachung besteht darin, sich klar zu werden, was notwendig und sinnvoll ist, um die Ziele zu erreichen. Dabei ist das Notwendige noch relativ einfach, das Sinnvolle aber schon wesentlich schwerer zu ermitteln. Auf jeden Fall, ist letztlich Vereinfachung nur zu erreichen, wenn man bereit ist, etwas wegzulassen, auf etwas zu verzichten. Auch Kosten können nur auf einem einzigen Weg gesenkt werden, nämlich durch Verzicht auf Bestehendes; und das braucht den Mut zum Risiko und die Bereitschaft zum Ausprobieren, die Bereitschaft zu einem – wenn auch – kleinen Risiko. Jürgen Hubbert, Chef der Mercedes-Sparte von DaimlerChrysler wurde gefragt, wie die Arbeitswelt von Morgen aussehen würde (Interview im Handelsblatt Dezember 2003). Seine Antwort: „Ich befürchte, komplizierter, weil neben den komplexen Techniken die globale Vernetzung eine Informa-

tionsflut schafft, die es immer schwerer macht, die richtigen von den scheinbar wichtigen Dingen zu unterscheiden:"

Ein einfaches Schema in der folgenden Abbildung zeigt, wie man mit den
Bedenken von Hubbert umgehen könnte:

Wie kann man es schaffen ?

Tun:	was sinnvoll und nötig ist
Falsch:	alles tun, was möglich ist „nice to have"

Kostenreduzierung nur durch
Weglassen und Verzicht

↓

Mut zum Risiko + Versuch und Irrtum

Umgang mit der Angst

Was der Einzelne tun kann:

1. Eigene *Erfahrungen und Erkenntnisse aus der Vergangenheit,* aus dem Leben, aus den verschiedenen Situationen in Betrieben und mit anderen Menschen können Sicherheit geben. An ihnen kann gemessen werden, wie bedeutsam und berechtigt das Angstgefühl ist.
   Unwillkürlich werden alte Ängste in die Zukunft projiziert, wenn wir ähnlichen Situationen begegnen. Hilfreich kann es dann sein, genauer hinzusehen und die *gefürchtete Situation genauer anzusehen.* Oft stellt man dann fest, dass sich die dumpfen Befürchtungen nicht bewahrheiten.
2. Der von der Angst Betroffene kann Szenarien entwickeln. Er kann das *Ereignis rationalisieren* und sich fragen: Was ist bei meiner Einschät-

zung rational und was ist irrational? ***Was kann passieren,*** wenn ich mich für A entscheide, was, wenn ich mich für B oder C entscheide? Was bedeutet es für mich, was bedeutet es für das Unternehmen und für meine Vorgesetzten? Er kann folgern, dass er zu einem kleinen Risiko sozusagen versuchsweise bereit ist. Es gibt immer eine andere Möglichk   e   i   t   .

3. Der sich Ängstigende kann sich fragen, wie weit bin ich in dieser Sache wirklich verantwortlich? Grundsätzlich gilt: ***Wir sind nicht für alles verantwortlich.*** Auch andere tragen Verantwortung. Verantwortung heißt in erster Linie, für seine eigene Arbeit gerade zu stehen, seine eigene Arbeit selbst zu überwachen.

4. Derjenige, der seine Ängste bekämpfen möchte, der Sicherheit sucht, kann es erreichen, wenn er glaubwürdig ist. Wenn er ***verlässlich und berechenbar für seine Umgebung*** ist. Sie wird es mit Vertrauen honorieren. Das wird seine Ängste verringern. Wer seine Glaubwürdigkeit verspielt, kann kein Vertrauen erwarten. Er wird mit seinen Ängsten weiter leben müssen.

Was das Unternehmen tun kann –
wie den Ängstlichen geholfen werden kann:

1. Fehler sind Anlass zum Lernen. ***Fehler sind erlaubt.*** Dieser Grundsatz, der leicht ausgesprochen wird, muss unterstützt werden durch Taten, durch Beweise. Er muss ehrlich gewollt sein. Das hat mit Glaubwürdigkeit zu tun. Dem Betroffenen muss ein Beweis dafür gegeben werden, dass ein Fehler nicht so schlimm ist wie er es vielleicht befürchtet hat. Grundlage für das Urteil „nicht so schlimm" ist in der Regel die Tatsache, dass die Substanz des Unternehmens nicht verspielt wurde und dass die wichtigen Regeln eingehalten wurden. So wird Vertrauen aufgebaut. Vertrauen nimmt Angst. Es muss anerkannt werden, dass Fehler vor allem Symptome sind. Beim Beschreiten von Neuland sind sie unvermeidbar.

2. **Das Unternehmen kann Regeln aufstellen,** die das Risiko für die handelnden und entscheidenden Personen wie aber auch für das Unternehmen eingrenzen. Zum Beispiel darf nur eine Investitionsentscheidung bis 5000 Euro gefällt werden, darüber muss die nächst höhere Ebene in der Hierarchie entscheiden. Natürlich ist zu kontrollieren, ob diese Regeln eingehalten werden. Das neumodische „Riskmanagement" kann diese Aufgaben nicht lösen; im Gegenteil: es führt zur Verabschiedung der Vorgesetzten von ihrer Verantwortung.

3. Angst kann reduziert werden, wenn **Mitarbeiter von der Firmenleitung eine „Sicherheitsinsel" erhalten.** Das kann ein eigener Kompetenzrahmen, oder ein eigener Entscheidungsbereich sein. In seinem Delegationsbereich trägt er allein die Verantwortung. Er hat die Möglichkeit, kleine Risiken oder große Risiken einzugehen. Er kann **ausprobieren, etwas versuchen** und sich dabei irren und entwickeln. Mit der Sicherheitsinsel bringt die Leitung ihm Vertrauen entgegen.

4. **Ein Coach kann helfen.** Mit diesem immer mehr praktizierten System erhalten besonders Führungskräfte die Gelegenheit, sich mit einer Vertrauensperson über ihre beruflichen Angelegenheiten auszutauschen. Oftmals sind Führungskräfte in ihren Positionen einsam, weil sie ihre Themen nicht mit Kollegen oder Vorgesetzten besprechen können oder mögen.

5. **Bei Überlastung und Stress** hilft kein Seminar über Zeitmanagement, sondern nur die Delegation. Stress – gut zu übersetzen mit Angst vor Misserfolg – kann organisatorisch bewältigt werden. Delegation hilft, nicht der Terminkalender.

Zum Leben brauchen wir auch Risikobereitschaft und Mut, neue Wege zu gehen. Ohne diesen Mut gibt es keinen Fortschritt, keine Entwicklung, vor allem nicht in den Unternehmungen. Allenfalls staatliche Bürokratien können mit einem geringeren Maß an Mut auskommen. Schuld an der Wucherung der Bürokratie ist letztlich die Unfähigkeit, Risiken zu ertragen.

7 Die Illusion vom Wissensmanagement

> *„Hoch gelobt wird,*
> *wer etwas über die sechste Dezimalstelle sagt,*
> *verdächtig ist, wer etwas über das Wesentliche sagt."*
> Karl Steinbuch

Die neue Managementtheorie des nackten Kaisers

Wissensmanagement und Informationsmanagement sind die neuesten Komplexitätstreiber der Berater, die wieder neue Betätigungsfelder suchen, nachdem Lean Management und Ähnliches abgegrast ist.

Aus einem Mehr an Wissen und Informationen erhofft man sich Lösungen. Dabei mangelt es eher am Denken und Nachdenken. Oft werden erst Informationen gesammelt und Internet-Wissen angehäuft, gerade so wie es die Hamster machen. Wissensmanagement wird immer mehr zur allgemeinen Mode: ein Tummelfeld von Computer-Spezialisten, Unternehmensberatern und Trainern. *„Viele kamen inzwischen dahinter, dass der Kaiser nicht nur nackt, sondern gar kein Kaiser ist. Wenn man einmal den Lärm abstellt und der Sache auf den Grund geht, dann stellt sich heraus, dass das, was als Wissensmanagement bezeichnet wird, in Wahrheit Dokumentenmanagement ist, eine Form der Archivierung. Wissen hat im Prinzip nichts mit Informationstechnologie zu tun, sondern mit Gehirnen und mehr noch mit Verstand und Vernunft. Wissen hat seinen Ort zwischen zwei Ohren und nicht zwischen zwei Modems."*[30]

Seit vielen Jahren hat Tengelmann, eines der größten Einzelhandelsunternehmen, unverändert Probleme mit seiner USA-Tochter A&P. Jetzt sagt A&P-Geschäftsführer Christian Haub[31], man müsse die potenzielle Kundschaft effektiver analysieren. Offenbar hat man in fast zwanzig Jahren keine engen Beziehungen zum Kunden gepflegt und phantasielos gewirtschaftet. Nun will man sich also mit Analysen Wissen aneignen. Was Haub sagt, kann nur als

Ausdruck völliger Hilflosigkeit verstanden werden. Es sieht so aus, als wäre ihm und seinem Team die Phantasie ausgegangen.

Umweltkomödie
im Hamburger Stadtpark

Im **Hamburger Stadtpark** gibt es jetzt eine Umweltkomödie. Im Auftrag der Umweltbehörde soll die Müllforschungsfirma F+B für 43.000 Mark ein Gutachten erstellen. Durch Beobachtungen und Befragungen will man herausfinden, wo der Müll liegt und wer ihn dorthin wirft. Besucher sollen auch befragt werden. Der Bezirksamtsleiter erhofft sich „objektivierende Erkenntnisse unter Einbeziehung der Sozialwissenschaft". Dann will er mit dem Ergebnis „in die Breite" gehen[32]. Es ist verantwortungslos, so dumm mit dem Geld der Bürger umzugehen. Ein Tag Nachdenken mit etwas Phantasie hätte eine teure Analyse erspart und sogar Lösungsmöglichkeiten aufzeigen können.

Die **Deutsche Telekom** lässt regelmäßig 500 Mitarbeiter in verschiedenen Szenarien den Telekommunikationsmarkt der nächsten Jahre analysieren. Dazu nutzen sie einen gewaltigen Datenpool mit den Studien von 165 Marktforschungsinstituten und Banken. Sie häufen Daten auf Daten und verlieren jegliche Orientierung. Vielleicht liegt hier ein Teil der Erklärung für den Sturz der Telekomaktie. Solche Arbeitsweisen sind Symptome.

Mannesmanns Data Warehouse-Analysten befragen zur Entwicklung eines neuen Handy-Tarifsystems 21 Millionen Kundendatensätze danach: Welche Gruppe telefoniert wie, morgens, abends, kurz, lang? Sinnvoll wäre die Frage, wie Mannesmann den Kunden besser bedienen könnte. Viele Mitarbeiter stehen bereit mit ihren Ideen und ihren Erfahrungen. Aber man liebt es komplexer, wissenschaftlicher.

Ein mittelständisches Unternehmen fragte kürzlich, ob es nicht sinnvoll sei, die Prozesskostenrechnung einzuführen. Warum? Sie hatten davon gehört. Das mache man heute so, das sei modern. So gerät leider manche fragwürdige neumodische Managementmethode in vormals vernünftig geführte Unternehmen.

Rolf Berth beklagt: *„An der Spitze der Unternehmen stehen überwiegend analytisch begabte Pfennigfuchser."* Ihre wissenschaftlich aussehenden Analysen machen ja viel mehr her als der Einsatz einfacher Lebenserfahrungen. So sah es damals sogar Goethe schon: *„Es verdrießt die Menschen, dass das Geniale so einfach ist. Sie vergessen, dass sie noch Mühe genug haben, es umzusetzen."*

Zeit ist die einzige limitierte Ressource. Wenn wir schneller werden wollten, müssten wir es mit weniger Aufwand tun. Dann könnten wir im Hamburger Stadtpark bereits nach einem Tag Nachdenken zum Ergebnis und einer praktikablen Handlung kommen. Dann könnte Christian Haub bereits nach drei Tagen mit der Umsetzung von Ideen beginnen. Auch die Telekom könnte schneller, effektiver und kostengünstiger arbeiten.

Weniger wäre mehr: 229 Fragen der TU München

Viele Unternehmen geben Marktforschungsinstituten Aufträge zur Analyse von Marktmöglichkeiten oder von Kundenverhaltensweisen. Deutlich wird das allgemeine und wachsende Problem der Komplexität und des Perfektionismus, wenn selbst die anerkanntesten Institute das Wesentliche übersehen. Das Forschungszentrum für Milch und Lebensmittel Weihenstephan der TU München verschickte einen Fragebogen mit 229 Fragen zur Markteinschätzung von funktionellen Lebensmitteln. Was sagt es denn nun, wenn die Mehrzahl von 64 Fachleuten zu den folgenden Einschätzungen kommt:

▸ Funktionelle Produkte erzielen höhere Preise als herkömmliche Produkte
▸ Das Angebot an funktionellen Produkten leistet zum Teil einen wertvollen Beitrag zur Gesundheit der Gesellschaft
▸ Für diese Produkte werde ein Preisaufschlag von 20 Prozent akzeptiert
▸ Werbung sei eine Voraussetzung für den Erfolg von funktionellen Produkten

Abgesehen davon, ob die Befragten sich wirklich Mühe gegeben haben, so viele Fragen sorgfältig zu beantworten bleibt das Kernproblem: Sollten die Auftraggeber solcher Studien nicht versuchen, derartige Fragen selbst mit ihrer Lebenserfahrung zu beantworten? Sollten sie die eigene Phantasie und die ihrer vielen Mitarbeiter nicht befragen? Und wenn schon eine Befragung, warum nicht begrenzt auf 20 Fragen? Wenige haben offenbar inzwischen bemerkt, dass der Spruch „weniger ist mehr" Gültigkeit hat.

Solche Untersuchungen werden abschließend in einer Präsentationsveranstaltung mit Power-Point den Auftraggebern dargeboten, mit wunderschön gestalteten Türmchen, Torten, Grafiken, natürlich bunt und ansprechend. Sind das Alibiveranstaltungen von unsicheren Vorständen? Aus Angst vor falschen Entscheidungen oder vor Fehleinschätzungen des Marktes beauftragt man Experten, „neutrale" Ergebnisse zu ermitteln, obwohl ohnehin kein Konsument heute weiß, was er morgen will; und in allen Prognosen gab es schon immer mehr Irrtümer als Treffer. Ganz anders macht es Ikea. Dort sind die Leiter der Märkte gehalten, nach Möglichkeit die Wohnungen ihrer Kunden aufzusuchen, um die Wohnverhältnisse kennen zu lernen. Das ist Marktforschung auf einfache Art. Hier führt Einfachheit mit Leichtigkeit zum Wesentlichen.

Der kleine Prinz und das Data Warehouse

„Die großen Leute haben eine Vorliebe für Zahlen ..."

Ein Data Warehouse ist ein Lager, ein Depot von Daten, ein Datenspeicher. Dort speichert ein modernes Unternehmen alles, was irgendwie speicherbar ist. Anschließend glaubt man sich dann in der Lage, zwischen allen Daten verschiedenste Verknüpfungen vornehmen zu können, um schließlich jegliche Art von Erkenntnis aus den Verknüpfungen gewinnen zu können.

Die Scanner in den Supermärkten können alle denkbaren Daten ermitteln. Zum Beispiel den Umsatz von Laden X am Freitag zwischen 11 Uhr und 13 Uhr bei Sonnenschein. Und dieser Umsatz könnte verglichen werden mit dem Umsatz von Laden Y am anderen Ort zur gleichen Zeit bei Regenwetter. Alles ist möglich. Wal-Mart, der größte Einzelhändler der Welt, verfügt in seinem Data Warehouse über Daten von über 100 Terabyte. Das entspricht 25 Milliarden voll beschriebenen DIN-A 4 Seiten. Nebeneinander aufgestellt ergeben diese Seiten eine Länge von etwa 2500 km. Wal-Mart ist so erfolgreich wegen seiner klaren Kundenorientierung und seiner über Jahrzehnte entwickelten Methoden, mit Sicherheit nicht wegen seines Data Warehouse.

Handelsunternehmen sowie auch Berater, IT-Unternehmen und Journalisten forcieren die Aktivitäten zum Data Warehouse. Sie sagen, es gäbe Veränderungen im Kundenverhalten, steigenden Wettbewerbs- und steigenden Technologiedruck und außerdem noch die Globalisierung. Deshalb brauche man ein Data Warehouse. „Wir können jetzt Einkaufsmuster erkennen", wird behauptet. Aber die gleichen Manager stellen unmittelbar anschließend die Frage: „Aber welche Schlüsse ziehen wir daraus?" oder sie stellen fest: „Fraglich ist vor allem, wie wir die Ergebnisse konsequent in sinnvolle Aktivitäten umsetzen sollen." Bisher führten solche Daten nur zur „Erkenntnis", dass Männer, die Windeln kaufen auch Bier kaufen, und deshalb müsse das Bier bei den Windeln platziert werden. Oder dass Kunden, die Obst einkaufen, auch Haarshampoo mitnehmen. Folgerung: Shampoo-Palette mit Sonderpreis neben die Bananen stellen. Die Argumente vom Wettbewerbsdruck und vom veränderten Kundenverhalten mussten schon immer in allen Branchen dafür herhalten, ein neues System zu verkaufen. Ein Alibi. Die alles entscheidende Frage, warum der Kunde in meinem Laden kauft, wird dabei nicht gestellt. Nur sie kann mir die Handlungsorientierung geben. Es ist eine Illusion von Spielern und Beratern zu meinen, mit solchen Systemen könne man Tausende von Artikeln mit Hunderten von Variablen kombinieren, durchspielen und irgendetwas optimieren. Keine Erfolge bisher, keine Erfolge in der Zukunft.

Eine echte Alternative zum Denken in diesen Kategorien und Zahlenfriedhöfen ist es, einmal dem Kleinen Prinzen von Antoine de Saint-Exupéry zu lauschen:

„... Wenn ich euch dieses nebensächliche Drum und Dran über den Planeten B 612 erzähle und euch sogar seine Nummer anvertraue, so geschieht das der großen Leute wegen. Die großen Leute haben eine Vorliebe für Zahlen. Wenn ihr ihnen von einem neuen Freund erzählt, befragen sie euch nie über das Wesentliche. Sie fragen euch nie: Wie ist der Klang seiner Stimme? Welche Spiele liebt er am meisten? Sammelt er Schmetterlinge? Sie fragen euch: Wie alt ist er? Wie viele Brüder hat er? Wie viel wiegt er? Wie viel verdient sein Vater? Dann erst glauben sie, ihn zu kennen. Wenn ihr zu den großen Leuten sagt: Ich habe ein sehr schönes Haus mit roten Ziegeln gesehen, mit Geranien vor den Fenstern und Tauben auf dem Dach ... dann sind sie nicht imstande, sich dieses Haus vorzustellen. Man muss ihnen sagen: Ich habe ein Haus gesehen, dass hunderttausend Franken wert ist. Dann schreien sie gleich: Ach, wie schön!"

„Planung ist Mist"

Das sind Worte von Jack Welch, dem meist bewunderten Topmanager des vergangenen Jahrhunderts. Von Oktober bis in das nächste Jahr hinein sind die Manager aller Welt mit Phantastereien und Ratespielen für das neue Geschäftsjahr beschäftigt. Budgetierung ist eine fatale Verschwendung der teuersten Kapazitäten. Hoch bezahlte Manager beschäftigen sich mit diesem nutzlosen Werkzeug. Das ist die zwangsläufige Folge der vorherrschenden Systeme der Informationstechnologie und des Controllings. Man glaubt, alles sei mit Zahlen erfassbar. Wir alle sind gegen Planwirtschaft und in unseren Unternehmen wird sie bis zum Exzess praktiziert.

Der Psychologe Dietrich Dörner[33] legt den Finger in die wirkliche Wunde, wo nämlich Planung im Sinne der Budgetierung ihren Ursprung hat: *„Gerade der Unsichere wird die Tendenz haben, zu genau zu planen. In einer Situation, die ihm sowieso bedrohlich erscheint, wird er versuchen, alle Eventualitäten vorauszusehen und alle Störfälle einzukalkulieren. Das kann fatale Konsequenzen haben. Der Planungsprozess selbst führt ihm, je mehr er in die Materie eindringt, in desto größerem Ausmaß die ganze Vielfalt des möglichen Geschehens vor Augen. Planen kann die Unsicherheit vergrößern statt sie zu verkleinern."*

Ein minutiöser Planungsprozess ist oft eine Flucht aus der Hilflosigkeit, die am Ende ein Ausbruch in die „befreiende Tat" des blinden Aktionismus sein kann (Dörner):

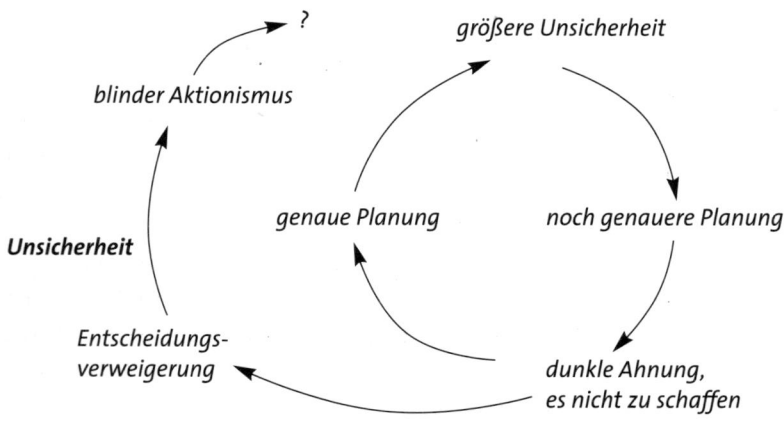

Eine immer feinere Planung der künftigen Kosten und Erträge (Budgeting oder Planungsrechnung) ist ein verräterischer Ausdruck der von Dörner beschriebenen immer weiter zunehmenden Unsicherheit.

Paradox erscheinen die folgenden Beobachtungen:

- eine verfehlte Zielvorgabe führt zu einer verschärften Kontrolle
- Versagende Regeln führen zu noch mehr Regeln
- Planungsfehler führen zu noch mehr Planung
- Wenn die Kosten aus dem Ruder laufen, wird das Budgeting intensiviert

In fast allen Unternehmen aller Branchen auf der ganzen Welt will man das kommende Geschäftsjahr über eine Budgetrechnung prognostizieren und in den Griff bekommen. Jeder Monat des Jahres, jede Abteilung, jede Kosten- und Ertragsart wird dann einer gründlichen Prüfung unterzogen. Damit meint man das Unternehmen und sogar seine Umwelt zu beherrschen. Man glaubt immer zu wissen, wo man steht. Manche haben diese Planungsrechnungen bezeichnet als „das Spielzeug der Topmanager". Alle tun es so. Dann muss es richtig sein? Aldi tut es nicht. Macht Aldi einen Fehler? Aldi zeichnet sich auch hier wie bei manchen anderen Geschäftsprozessen dadurch aus, dass man dort alles anders macht als alle anderen. **Kein Budgeting bei 45 Milliarden Euro Umsatz und über 7000 Läden!**

Planungsrechnungen erfüllen nur einen Zweck als Informationsmaterial für Banken, die dem Unternehmen Geld geliehen haben, für die Öffentlichkeit und die Börsenanalysten, wenn das Unternehmen börsennotiert ist. Beide sowie auch eventuell die Aufsichtsgremien wünschen Zahlen über die künftige Entwicklung des Unternehmens. Doch diesem Zweck genügt eine Globalplanung von Kosten und Erträgen auf Basis des Vorjahres. Ebenso ist in bestimmtem Umfang nach einzelbetrieblichen Gegebenheiten eine Finanz-, Liquiditäts- und Personalplanung erforderlich.

Unternehmen sollten sich besser um Kundeninteressen kümmern. Sie sollten sich nicht verlieren in ihren fiktiven Zahlenwelten, die sich früher oder später zumeist in Wohlgefallen oder auch in Missfallen auflösen. Mit den Budgets muss man vornehmlich die Erwartungshaltungen der Chefs treffen, nach der österreichischen Methode: „Wie hätten's denn gern?" Nur durch

Zufall haben die Zahlen etwas mit der Wirklichkeit zu tun. Unerträglich wird es, wenn dann jeden Monat mühevoll um Abweichungserklärungen gerungen wird. Die ursächlichen Annahmen sind kaum noch gegenwärtig. Die wichtigste Abweichungsursache liegt in der Planung selbst.

Dieter von Holtzbrinck, Verleger (Handelsblatt, Wirtschaftswoche, Die Zeit) meint, dass Gewinnvorgaben oft dazu führten, dass ein Manager trickst oder völlig unsinnige Dinge tut. Das genau ist es auch, was im Laufe des Jahres mit den Budgets passiert. Ein hoch angesehenes Unternehmen der Computerindustrie arbeitet mit Quartalsbudgets für den Umsatz. Wenn sich das vierte Quartal dem Ende zuneigt, dann jonglieren die Verkaufsleiter mit ihren Optionen. Sie können den Vertrag mit einem Kunden noch in diesem Jahr machen – oder ihn auch auf das neue Quartal im neuen Geschäftsjahr verschieben. Und genau so handeln sie in der Regel, wenn sie die Planzahlen für das laufende Jahr schon erfüllt haben und ihre Prämie nicht mehr negativ beeinflusst wird. Der Vorteil ist, dass die Plansätze im nächsten Jahr geringer ausfallen werden und die Vorgaben somit leichter zu erreichen sein werden. Ein weiterer Vorteil: auch die Prämien sind im nächsten Jahr leichter erreichbar. Ein weiteres Verfahren besteht auch darin, mit guten Kunden, zu denen der Verkäufer ein vertrauliches Verhältnis entwickelt hat, zum Jahresende Scheinaufträge abzuschließen, die dann im neuen Jahr zurück gebucht werden, etwa als Rücklieferung. Das ist es, was von Holtzbrinck meint.

Erfolgreiche Unternehmen, die mit Budgets arbeiten, sind trotzdem und nicht deswegen erfolgreich. Ein weltweit führendes Computerunternehmen praktiziert ein unglaublich detailliertes Marketing-Budgeting. Innerhalb dieses Systems werden Ausgabenanträge im Rahmen oder auch bei Abweichung vom Budget über 27 Stufen verfolgt. Beteiligt sind 9 verschiedene Personen bzw. Abteilungen am Durchlauf des Antrages durch das Ordnungssystem des Betriebes. Die Abteilung Budget/Control wird beim Durchlauf 9mal in verschiedenen Phasen berührt.

Solche Planungs- und Budgetingprozesse sind Ausdruck von **Unsicherheit und mangelndem Vertrauen der Unternehmensleitungen in ihre Mitarbeiter**. Sie sind auch Ausdruck von Trägheit, sich mit den Details von Möglichkeiten und Gründen von Entwicklungen zu beschäftigen. Mit einem mathematisch korrekten Zahlengerüst erscheint den Chefs die Arbeit offenbar müheloser und sicherer. Die Airbusexperten-Propheten prognostizieren: In 20

Jahren wird sich die Durchschnitts-Streckenlänge pro Flug von 1370 auf 1444 km erhöhen. Das ist Raten, weder Prognose, noch Planung. Für diesen Unsinn werden die Experten und ihre Manager heute bezahlt und in 20 Jahren nicht zur Rechenschaft gezogen. Wenn sie sagten, sie rechneten mit einer leichten Steigerung (das wären etwa 5 Prozent), so wäre das redlicher.

Nur eine **drastische Reduktion der Informationen** kann den Umgang mit Komplexitäten ermöglichen. Nur so können wir das Wesentliche erkennen, das Muster, den Wald und eine Orientierung.

Das ist das Problem:

1. Immer wieder werden neue Moden übernommen, ohne nach dem Sinn und nach dem *Warum* fragen zu fragen. Unternehmen sollten effektiv sein, nicht modern. Oft wird nur *alter Wein in neuen Schläuchen* gekauft.

2. Bei vielen Aktivitäten und Bemühungen stehen Aufwand und Nutzen nicht in einem erforderlichen *ökonomischen Verhältnis.* Das Hindernis der Effektivität ist, dass man nicht zum Verzicht bereit ist.

3. Der Grundsatz von Albert Einstein wird missachtet: *„Phantasie ist wichtiger als Wissen."* Stattdessen bemüht man sich, immer mehr Wissen anzuhäufen.

4. Indem immer mehr Wissen und Informationen angehäuft werden, werden *geistige Kapazitäten leichtfertig verschwendet.*

8   Bürokratie, Trägheit und Ignoranz

„Ein einziger Grundsatz wird dir Mut geben,
nämlich der, dass kein Übel ewig währt."

Epikur von Samos

Trägheit, Dummheit, Ignoranz – kurzum Mittelmaß – sind ein anderes Hindernis bei der Bemühung um Einfachheit und Effizienz. Ohne Anstrengung geht es nicht. Wenn Mittelmaß außerdem zusammen trifft mit Ordnungsverhalten, mit der sturen Befolgung einmal gesetzter Regeln, so haben wir zudem noch das, was Unternehmen am allerwenigsten brauchen: Verwaltung und Bürokratie.

Solches Verhalten ist unbrauchbar für alle Funktionen im Unternehmen. Allerdings gibt es dafür immer Ursachen. Eben so wie Fehler Symptome sind, ist auch solches Verhalten ein Symptom, nämlich sehr oft für die Demotivation der Handelnden. Dies ist zu untersuchen und zu bearbeiten. Nur in seltenen Fällen liegt die Ursache beim Mitarbeiter.

Bürokratische Trägheit ist auch die Ursache dafür, dass überkommene Regeln, Systeme und Modelle treu weiter angewendet werden. Es wird nicht nach dem Sinn gefragt. Controlling, Budgeting, Marktforschung, Mitarbeiter- und Kundenbefragungen, vielerlei Analysen – alles bleibt wie es ist. Wir analysieren, planen, optimieren uns zu Tode. Die jährlichen Budgetrituale sind ein Ausdruck von Faulheit. Man glaubt, es sich schnell und einfach zu machen, wenn man Zahlen vorgibt, mit denen man Unternehmen und Abteilungen steuern und beurteilen kann. Man umgeht die Mühe, sich mit den Dingen inhaltlich auseinander zu setzen, indem sachliche Kontrollen durchgeführt werden. Die Folge: hohe Komplexität und ungeheure Verschwendung von Managerkapazitäten. So werden in großen Unternehmen Systeme installiert, mit denen die Unternehmensleitung regelmäßig und umfassend informiert werden soll, mit Reportingsystemen.

Reporting: das Informationsunwesen

Wie ein Krebsgeschwür machen sich in den Unternehmen immer umfangreichere und subtilere Reportingsysteme breit. Besonders findet man dieses Unwesen in Großunternehmen. Die folgenden Klagen aus einem sehr bekannten Weltunternehmen skizzieren diese Entwicklung:

▸ *„Das Reporting wird ständig ausgeweitet, der damit verbundene Aufwand nimmt enorm zu. Es ist zu befürchten, dass mancher Manager glaubt, den Markt anhand von Reportauswertungen verstehen zu können."*

▸ *„Jeder weiß aus der Vergangenheit, dass es bisher noch immer gelang, Reports zu gestalten, um sie den Tatsachen und Zielvorgaben anzupassen."*

▸ *„Insbesondere zum Quartals- oder Jahresende geht das „Erbsenzählen" mühsam von neuem los."*

▸ *„Entweder wir bringen das Geschäft auf die Straße, oder wir bringen Reportingzahlen."*

Es ist so gemütlich sich im warmen Büro mit Computer und Zahlenkolonnen, mit bunten Türmchen und Törtchen zu beschäftigen. Mancher Manager macht sich so sein **Bild vom Kunden in Form von Marktanteilen**, Durchschnittseinkäufen und Kundenbonanalysen aus den Scannerkassen, die Aufschluss über Umsätze zu verschiedenen Tageszeiten und an verschiedenen Standorten geben. Unzufrieden sind viele, aber noch nicht genug. **Wer Orientierung sucht, muss bereit sein zum Verzicht**. Wenn man verzichtet, so fehlt zunächst etwas. Was soll an die Stelle treten? Das sinnvoll zu beantworten braucht Anstrengungen. Dafür werden Manager bezahlt.

Perfektionismus treibt die Komplexität an

Perfektionismus ist nur zum Teil ein Ausdruck von Ängsten. Zum Teil aber auch ein Ausdruck von Ignoranz und Trägheit, sich mit bestimmten Themen mühsam auseinander zu setzen.

In einem Filialunternehmen erhalten die Filialleiter Prämien auf der Grundlage monatlicher Leistungen in Form der Mitarbeiterproduktivität (Umsatz im Verhältnis zu den eingesetzten Mitarbeiterstunden). Nun ist es üblich, dass Umbesetzungen vorgenommen werden. Der Filialleiter der Filiale A wechselt in die Filiale B. Das kann am 10. des Monats geschehen. Nun möchten die Bürokraten im Unternehmen errechnen, wie hoch seine Prämie bis zum 10. in der alten Filiale war und wie hoch vom 11. bis zum 30. in der neuen Filiale.

Das erfordert trotz aller Computerrechnungen zusätzliche Arbeit. Nicht zuletzt dadurch, dass es immer zweckmäßig ist, wenn jemand am Ende auf die Rechenergebnisse sieht und Plausibilitätskontrollen anstellt. Die Bürokraten allerdings sagen, die Mehrarbeit sei unwesentlich. In der Praxis reiht sich dann eine Unwesentlichkeit an die andere.

Gerade bei perfektionistischen Aktivitäten hilft die Frage nach dem „warum". Warum soll eine Teilung der Prämie so erfolgen statt dem Filialleiter seine Prämie für den Monat des Wechsels auf Basis der alten Filiale zu geben und erst im neuen Monat mit der neuen Filiale zu beginnen? Die Antwort in diesem Fall lautete: „Das ist gerechter." Dahinter mag außerdem die Unsicherheit stehen, gegenüber dem Filialleiter in Erklärungsnot zu geraten, wenn die Argumente fehlen sollten für die eine oder andere Lösung. Jedenfalls liegt technokratisch gesehen ja eine Differenzierung nahe. Hier empfiehlt es sich, lieber fünf mal „warum" zu fragen. Es wird sich zeigen, dass die Prämiendifferenzierung nicht gerechter, sondern eher ungerechter wird. Der Filialleiter hat nämlich durch seine langjährigen Aktivitäten für ein hohes Produktivitätsniveau gesorgt. In der neuen Filiale muss er daran erst arbeiten. Er würde also benachteiligt werden. Die Schlussfolgerung: Es lohnt sich nach dem Sinn zu fragen und dabei eine Leitlinie zur Einfachheit im Kopf zu haben. Und das ist nicht ohne Mühe.

1. Wenn *Führungskräfte für Trägheit bezahlt* werden und sich nicht bemühen, Sinnloses, Überflüssiges und Bürokratie zu vermeiden.

2. Wenn *ständige Reparaturarbeiten vorgenommen werden müssen,* weil am Beginn die Anstrengungen und Mühen gescheut wurden, Sinn und Ziel von Organisationen, Regeln und Prozessen zu bestimmen.

3. Wenn *Chefs* ihrer *Pflicht zu regelmäßiger Kontrolle nicht nachkommen* und dadurch der Sinn der Arbeit und wesentlicher Systeme dem Zufall oder dem Gutdünken anderer überlassen bleiben.

Teil 4

Was brauchen wir für die Einfachheit?

Das Wichtigste

9 Sinn und klare Ziele

„Für ein Schiff, das seinen Hafen nicht kennt,
weht kein Wind günstig."

Seneca

Selbstverständlichkeiten: Es geht um den Kunden

Seneca hätte mit seinen Einsichten heute ein bedeutendes Managementbuch schreiben können. Auch hier wiederum ist zu erkennen, dass Management eine einfache Sache ist, die sich immer wieder auf Selbstverständlichkeiten bezieht. Dafür wird vor allem der gesunde Menschenverstand benötigt. Diesem gesunden Menschenverstand begegnen wir in allen Lebensbereichen zu allen Zeiten. Wir erleben ihn bei den Dichtern Seneca und Morgenstern, bei der Frau auf der Straße und dem Mann in der Werkhalle. Es sind die Selbstverständlichkeiten, die offenbar so viele Schwierigkeiten bereiten, obwohl gerade Selbstverständlichkeiten einfach erscheinen. Erwin Conradi, der langjährige Metro-Lenker hat dazu in einem Vortrag gesagt: *„Wem das, was ich Ihnen hier erzähle, zu platt, zu trivial, zu sehr Hausmannskost erscheint, dem sage ich, dass ich sehr viel mehr Dinge habe scheitern sehen an den so genannten Selbstverständlichkeiten als am Grand Design."* Der beinahe schon sagenumwobene Erfolg von Aldi beruht nicht auf irgendwelchen Geheimnissen. Aldis Erfolg beruht auf Selbstverständlichkeiten. Er findet seine Basis in der Kunst, das Naheliegende, das Vernünftige, das Selbstverständliche einfach umzusetzen, konsequent zu praktizieren. So einfach ist das. Aber dafür braucht man die Richtung, das Ziel.

Das Ziel ist die Leistung für den Kunden, zu seinem Nutzen. Eine Selbstverständlichkeit.

Laotse empfiehlt: *„Verfolge dein Ziel, als ob du es nicht hättest."*

Kreativität und Leichtigkeit sind immer in Gefahr, wenn krampfhaft bestimmte Ziele angesteuert werden. Das Erfolgsrezept der Aufsteiger in die Bundesliga lautet: *„Wir haben ja nichts zu verlieren."* Das ermöglicht unverkrampfte Spielweise. Für ihre Gegner müsste die Devise nicht sein: *„Wir müssen gewinnen"*, sondern: *„Wir strengen uns an, in diesem Spiel geben wir keinen Ball verloren."* Als Bayern München in unglaublich dramatischen Schluss-Sekunden der Bundesligasaison 2001 noch die Meisterschaft errang, sagte der Torhüter Oliver Kahn dazu die passenden Worte: *„Das ist der Unterschied zwischen aufgeben und niemals aufgeben."*

Der Krampf auf dem Weg zum Ziel darf nicht sein: „Wir müssen Umsatz machen, wir müssen gewinnen." Das führt zu Blockaden, zu lähmenden Ängsten. Die Perfektionisten unter den Managern fördern den Krampf, denn Perfektionismus ist eine typisch nach innen gerichtete, vom Kunden abgewendete, Handlungsorientierung. Aber es geht um den Kunden, um den Markt, auf dem das Unternehmen seine Leistungen anbietet. Das ist eine nach außen gerichtete Arbeitsweise. Dem Kunden eine exzellente Leistung anbieten, Topqualität, das ist Sinn und Ziel eines Unternehmens und vieler anderer Organisationen. *„Wer anderen nützt, nützt sich selber"*, sagt Seneca. Doch viele kümmern sich zu sehr um den Eigennutzen und organisieren sich ihr Innenreich angenehm.

Ziele müssen konkrete Handlungsanleitungen sein

Ziele sind selten fest und unveränderlich. Ziele von heute können zu Wegen von morgen werden. In der Zielhierarchie kann sich auf der oberen Ebene um einen Weg handeln, was auf der unteren Ebene ein Ziel ist. Der Autokonstrukteur kann das Ziel haben, den Kraftstoffverbrauch zu reduzieren. Der Weg dorthin kann aus technischen Veränderungen an den Fahrzeugen bestehen. Das Ziel geringeren Benzinverbrauchs kann aber beim Verkauf des Fahrzeugs ein Mittel oder ein Weg sein, um das generelle Ziel besserer Qualitäten zu begründen. Ein klares Ziel vor Augen des Entscheidenden und Handelnden – das ist der Ausgangspunkt. Dieses Ziel muss so klar und verständlich sein, dass es eine Handlungsanleitung für alle Beteiligten sein kann. Jeder weiß, wo es lang geht. Vieles Fragen und Erörtern erübrigt sich dann oft. Klare Ziele schaffen die Grundlage für Autonomie und für die Übertragung von Verantwortung.

Warum sollen die Leute mein Produkt kaufen?

Diese Frage steht am Beginn allen wirtschaftlichen, aber auch politischen Handelns. Diese Frage haben sich viele Unternehmer der New Economy nicht gestellt. Einzig und allein hier liegen die Ursachen für viele Pleiten. Die New Economy konnte die Regeln der Old Economy nicht außer Kraft setzen. Welche Regeln waren das? Es waren und sind die einfachsten Regeln:

▸ Ein klares Ziel im Sinne von „warum soll der Kunde mein Produkt kaufen?"
▸ Der Ertrag muss den Aufwand übersteigen

Southwest-Airlines: 1999 erreichte Southwest, ein Discountunternehmen mit niedrigen Preisen, eine Umsatzrendite von 17,1 %. Seit 28 Jahren hatte Southwest keinen Verlust mehr. Mit über 300 Boeing-Maschinen fliegt Southwest täglich mit 2300 Starts in 52 Städte. Southwest erreicht die höchste Produktivität aller Fluggesellschaften.

Das Prinzip von Southwest wird konsequent betrieben: Preisgünstige Flüge ohne Platzreservierung, ohne Service. Zur Senkung der Kosten für Wartung und Pilotentraining wird nur ein Typ – Boeing 737 – geflogen. Southwest macht es anders als andere. Sie kümmern sich nicht um das Geschwätz der Leute. Ihr Managementstil ist detailversessen auf dauernde Verbesserung ihrer Leistungen ausgerichtet. Mit unkonventionellen Methoden nützen sie ihren Kunden.

Hotel Saratz, Pontresina: *„Das Wesentliche im Überfluss"* ist die Leitlinie von Adrian Stalder, Verwaltungsratsdelegierter der Hotel Saratz AG, Pontresina, Engadin. Im Jahr 2000 wurde er als Entrepreneur seiner Branche in der Schweiz geehrt. Stalders Prinzip ist auf das Wesentliche ausgerichtet. Immer wieder die Leistungen zugunsten des Kunden verbessern, und das sind Qualität und Preis. Qualität darf im Überfluss sein. Qualität ist im Prinzip grenzenlos. Ein Motto von Adrian Stalder: *Nicht allen alles bieten, sondern wenigen vieles.* Das ist Konzentration.

General Electric hat es geschafft, seine Unternehmensbereiche im Rahmen von Zielen und Kontrollen wie eigenständige Unternehmen zu führen. Jack Welch hat dem Riesenkonzern, der Kühlschränke, Glühbirnen, Finanzdienstleistungen und Flugzeugmotoren verkauft, eine einfache Steuerungsgröße verordnet. Jedes Unternehmen der GE-Familie mit über 600 Einzelunternehmen muss auf seinem Markt die Nummer Eins oder Zwei in der Welt sein. Gelingt das nicht, trennt man sich von diesem Geschäftszweig. Im Rahmen dieser Vorgabe haben die Unternehmen große Freiheiten. Die Steuerung aus dem Hauptquartier ist einfach. Von dort aus wird nur kontrolliert, ob alles im Rahmen bleibt oder aus dem Ruder läuft.

Toyota, ein Unternehmen mit klaren Zielen, macht vieles anders als die Mitbewerber und ist gerade dadurch so erfolgreich. Umsatz 150 Milliarden Euro, Gewinn 9 Milliarden Euro und zig Millionen liquide Mittel, Börsenwert 110 Milliarden Euro, das ist 50 Prozent mehr als General Motors, Ford und Daimler Chrysler zusammen. Toyota ist das Unternehmen der Einfachheit, das Unternehmen des Kaizen, der täglichen Verbesserungen. Toyota ist das Unternehmen, das fünf mal nach dem „Warum", nach dem Sinn von Aktivitäten fragt. Statt sofort zu fragen: „Wer – Was – Wann – Wo – Wie?" – einfach die schwerste Frage stellen, eben die nach dem „Warum?". Toyota will es lieber einfach, aber zuverlässig.

Das Ziel von **Ikea** ist so gut durch getestet wie das Aldi-Ziel. Die überzeugende Leistung wird so formuliert: eine erprobte Produktpalette, günstige Preise, Design, Formschönheit, Funktionsgerechtigkeit und einfache Bauanleitungen. *„Wir sind ein Konzeptunternehmen – die sterben niemals."* Ikea – ein nüchternes kaufmännisches Unternehmen ohne Ideologien.

Dell Computer Corporation ist ein Direktanbieter auf dem Markt der Personalcomputer; inzwischen nach HP/Compaq mit dem weltweit zweitgrößten Marktanteil. Die Kosten von Dell sind nur halb so hoch wie die Kosten der Mitbewerber. Michael Dell führt seinen Erfolg darauf zurück, dass seine Lösungen weniger Besonderheiten bieten. Vielen Kunden reicht die einfachere Lösung völlig aus. Dell operiert wie Aldi: klares Ziel, Verzicht auf Überflüssiges, Konzentration auf Weniges. Dell ist ein Discounter auf dem Computermarkt. Discount heißt einfach „etwas weglassen", auf eine allgemein übliche und mehr oder weniger wesentliche Leistung verzichten. *„Alle seine Ratschläge für die Entwicklung erfolgversprechender Geschäftsmodelle basieren auf dem einfachen Gedanken, überflüssige Schritte zu vermeiden, also den direkten Weg zu gehen."*[35]

Mitten in der weltweit größten Absatzkrise für PC im Jahr 2001 geht Dell in eine große Preisoffensive, die sich bald als sehr erfolgreich herausstellte. Im zweiten Quartal 2001 hat Dell gegen den Trend seinen Mengenabsatz um 19 Prozent gesteigert. Die liquiden Mittel sind mit über 7 Milliarden Dollar höher als die liquiden Mittel von IBM, Hewlett Packard und Compaq zusammen. Seit 15 Jahren hat Dell sein System immer weiter verfeinert. Die klaren Unternehmensziele, immer konsequent angewendet, haben das Unternehmen stark gemacht.

Die irische **Ryanair** gilt als die erfolgreichste Billigflugline in Europa. Michael O'Leary, der Chief Executive Officer, strich die Mahlzeiten, schaffte die Business Class ab und senkte die Preise. Soft Drinks müssen bezahlt werden, Erdnüsse werden nicht einmal gegen Bezahlung abgegeben, weil sie nur Dreck und damit unnötige Kosten verursachen. Und die Passagiere werden beim Einsteigen aufgefordert, ihre ausgelesenen Zeitungen beim Verlassen der Maschine nicht zu vergessen. Und vielleicht das Wichtigste: Ryanair fliegt nur die kleinen Flughäfen an. Damit werden Zeit und Gebühren gespart. Der Chef schwört auf unabdingbare Disziplin. Man findet die Manager von Ryanair nicht auf Konferenzen, „wo nur Reden geschwungen werden". Ryanair ist inzwischen wertvoller als die Lufthansa.

Einige wenige Regeln steuern den Aero-Aldi[36]:
1. Kein Service (keine Getränke, keine Zeitungen, Kaffee ist zu umständlich)
2. Einheitsflotte (737, einfache Wartung)
3. Nur Direktflüge
4. Zweitrangige Flughäfen mit geringen Wartezeiten: Lübeck statt Hamburg

5. Schnell wieder zurück (25 min Wartezeiten von Landung bis Abflug)
6. Billiger verkaufen (90 % über Internet und Telefon)

Aldi: Ziele wurden nie schriftlich formuliert. Trotzdem kennt sie jeder, weil sie einfach, klar und konkret sind. Sie sind Handlungsanleitungen für jeden Mitarbeiter. Jeder arbeitet an seinen Unterzielen, die er sich selber aus den einfachen Unternehmenszielen in Verbindung mit der Unternehmenskultur ableiten kann.

Die Ziele sind: niedrigster Preis, beste Qualität, geringste Kosten. Das erreicht man mit einem beschränkten Sortiment des täglichen Bedarfs. Der wirkliche Kern der Einfachheit liegt in den einfachen Zielen. Die Süddeutsche Zeitung über Aldi: „Was den Laden so geheimnisvoll erscheinen lässt, ist nur die Nüchternheit des Geschäftsprinzips."[37]

Ziele bei **Wal-Mart:** Das Prinzip ist: Einen möglichst niedrigen Preis anbieten, die Kosten niedrig halten – und alles andere als zweitrangig behandeln. *„Wir sind da, um dem Kunden Werte zu vermitteln, was bedeutet, dass zusätzlich zu Qualität und Dienstleistungen wir ihm helfen, Geld zu sparen. Immer, wenn wir ihm 1 Dollar sparen helfen, bringt uns das einen Schritt Vorsprung vor der Konkurrenz – und das ist es, was wir immer beabsichtigen."*[38]

Höre nicht auf, die Kosten zu senken, so dass du auch weiterhin den besten Preis bieten kannst, lautet die Devise, die es auch Dell ermöglicht hat, mit harten Preisen die Marktposition zu festigen. Erziele deinen Gewinn durch erhöhte Absatzmengen und nicht durch Preiserhöhungen.

So einfach ist das beim größten Handelsunternehmen der Welt. Ein einfaches, klares und handlungsorientiertes Ziel. Sam Walton antwortete seinerzeit auf Fragen nach seinem Erfolgsrezept so ähnlich wie es auch die gleichermaßen erfolgreichen Albrecht-Brüder hätten sagen können: *„Unsere Regeln sind im Grunde so einfach, dass es kaum lohnt, darüber zu reden."*

Ziele der Erfolgreichen, der Einfacher sind selten quantifiziert. Sie geben „nur" die Leitlinie vor, sie zeigen den Weg, auf dem man gehen will, nicht die km/h, die man schaffen will.

Kleine Ziele

Oft sind es auch die hoch gesteckten Ziele, die uns bremsen, überhaupt anzufangen. Da machen wir lieber vorab noch eine Untersuchung oder berufen einen Ausschuss. Die Japaner etwa mit ihrem Kaizen-Prinzip konzentrieren sich darauf, ihre gegenwärtigen Systeme und Abläufe kontinuierlich zu verbessern. Kleine Dinge besser machen, morgen besser als heute. Standards höher setzen als die Kunden sie sehen. Das ist eine der einfachen Wahrheiten der japanischen Erfolge. Der zusätzliche Nutzen ist eine überdurchschnittliche Motivation von Mitarbeitern solcher Unternehmen. Erfolg ist einer der Hauptmotivationsfaktoren. Er kann oft und leichter erreicht werden mit kleinen täglichen Zielen und Verbesserungen.

Projekte stinken am Anfang

Mit klaren Zielen beginnt alles, jedes Projekt. So wie man sagt, dass der Fisch vom Kopf her zu stinken beginnt, stinken Organisationen auch von oben, von der Geschäftsleitung her. Abgeleitet kann man sagen, dass über den Erfolg eines Projektes am Beginn entschieden wird. Am Beginn wird das Ziel definiert. Es muss allen Mitwirkenden klar sein, und es muss für jeden die klaren Linien für ihre Entscheidungen und Handlungen aufzeigen. Was am Anfang schief geht, kann später kaum noch repariert werden. Aktionismus und Hast sind große Gefahren für einen Prozess- oder Projektbeginn. Das ist so, als würde der Formel-1-Pilot am Start den Motor abwürgen. Nicht die ruhige Hand ist notwendig, aber der kühle Kopf mit kluger Methode, mit Mut und Leidenschaft zur Lösung.

Am Beginn mehr Zeit investieren! Am Ende kann der Ertrag eingefahren werden. Im weiteren Verlauf kann man mit verschiedenen Techniken schneller werden.

Kundenorientierung

Eine Verbesserung der Kundenorientierung gilt nach Umfragen bei den größten deutschen Unternehmen als deren Thema Nummer 1. Aber erst, wenn die Ziele den Unternehmen deutlich genug sind, können sie sich den Kunden wirklich zuwenden. Erst dann können sie wissen, wie und wo sie sich verbessern können. Das Wesentliche kann dann im Detail immer weiter verbessert, perfektioniert werden. Wenn in einem Supermarkt mit hohem Sortimentsniveau nur Avocados angeboten werden, die man erst in vier Tagen essen kann, weil sie zu hart sind, dann zeigt sich hier mangelnde Kundenorientierung und mangelnde Zielklarheit.

Erfolgreiche Unternehmen haben meistens ein klares Ziel, in dem ihre **ausgeprägte Stärke** zum Ausdruck kommt. Das ist dann der strategische Wettbewerbsvorteil, den Michael Porter so darstellt:

Kostenführer	Zwischen allen Stühlen	Differenzierer
10 Prozent	80 Prozent	10 Prozent
Aldi		Porsche
Ikea		Ferrero
Dell		B & O

Erfolgreich sind die mit den klaren Zielen. Kunden wie Mitarbeiter sind gewöhnlich in der Lage, das Besondere der Unternehmen zu benennen. Nach Porter gibt es nur zwei typische Ausrichtungen:

▸ **Den Kostenführer,** der die niedrigen Kosten und eine hohe Produktivität zu seinem Arbeitsschwerpunkt macht: Aldi, Ikea und Dell werden vermutlich von niemandem übertroffen in ihrer „fanatischen" Ausrichtung auf hohe Produktivität und niedrigste Kosten. Bei Aldi und Ikea hat das inzwischen sogar dazu geführt, dass sie das Image eines Differenzierers sozusagen als Zugabe von den Kunden erhalten haben. Sie wurden zu Kultobjekten.

▸ **Den Differenzierer,** der sich sehr deutlich von den anderen unterscheidet, bei dem sofort das Besondere erkennbar ist. Bei B & O etwa, dem dänischen Rundfunk- und Fernsehhersteller ist es das einmalige Design, verbunden mit einer eleganten Technik. Ferrero mit den Kinder-Überraschungseiern unterscheidet sich durch seine Ideen und Innovationen so von anderen, dass sie zur sehr kleinen Gruppe der Unternehmen gehören, die dem Handel ihren Verkaufspreis „diktieren" können.

So managen Sie einfach:

1. Geben Sie ein klares Ziel vor – formuliert als konkrete Handlungsanleitung. Jeder weiß Bescheid, auch der Pförtner und die Telefonistin, was das Unternehmen dem Kunden anbieten will. ***Ziele bilden das Fundament*** des Unternehmens. Alles andere baut darauf auf. Blumige Deklarationen deuten immer auf eine komplexe Organisation im Nebel.

2. Ziele müssen nicht immer Wachstumsziele sein. Nicht immer kann man pro Jahr um 10 Prozent wachsen. Nicht jedes Unternehmen kann solche Ziele haben, aber jeder kann sich permanent verbessern, seine Produktivität, seine Qualitäten und seine Unternehmensprozesse. Statt zu wachsen kann man auch einfach nur stärker werden. ***Ein Geschäft kann immer besser gemacht werden. Es gibt immer eine andere Möglichkeit.*** Im Übrigen kann man so Langeweile und Routine vermeiden.

Das Wesen liegt im Ziel:

> *„Wer vom Ziel nicht weiß,*
> *wird im selben Kreis*
> *all sein Leben traben;*
> *kommt am Ende hin,*
> *wo er hergerückt,*
> *hat der Menge Sinn,*
> *nur noch mehr zerstückt.*
> *Wer vom Ziel nichts kennt,*
> *kann's doch heut erfahren;*
> *wenn es ihn nur brennt..."*
> *Christian Morgenstern*

10   *Konzentration und Konsequenz*

„Konzentration ist der Schlüssel zu wirtschaftlichen Resultaten.
Gegen kein anderes Prinzip der Effektivität wird so regelmäßig verstoßen
als gegen das Grundprinzip der Konzentration.
Unser Motto scheint zu sein ‚lasst uns von allem ein bisschen tun.'"

Peter Drucker

Was sind unsere Prinzipien?

Konzentration beginnt mit einem Ziel. Das Ziel ist die Auswahl eines Feldes von vielen oder mehreren Möglichkeiten. Alle Lebewesen haben gelernt, dass es vorteilhaft ist, sich auf Ziele einzustellen. Die anderen Möglichkeiten werden nicht zugelassen, sie werden blockiert. Wir verzichten auf Alternativen. Sich auf ein sinnvolles Ziel zu konzentrieren bedeutet auch, auf andere möglicherweise ebenso sinnvolle Ziele zu verzichten.

Konzentration ist eines der „Geheimnisse" erfolgreicher Unternehmen. Die besten Topmanager konzentrieren sich auf die Strategie ihres Unternehmens und wiederholen unermüdlich den Satz *„Das sind unsere Prinzipien. Das ist unser Konzept."* (Michael Porter)

Amazon startete als Internetagentur für den Vertrieb von Büchern und erntete zu Recht viel Lob für seine hervorragende und professionelle Arbeit. Allerdings hatte sich Amazon von Beginn an – vielleicht zu früh – auf eine ungeheure Dynamik der Märkte eingestellt und entsprechend nicht gespart mit Investitionen in große freie Kapazitäten, besonders in eine Vielzahl von Mitarbeitern, die für ein riesiges Wachstum bereit stehen sollten. Das verursacht hohe Kosten. Amazon schreibt noch immer rote Zahlen. Statt sich aber auf die Lösung der entsprechenden Aufgaben zu konzentrieren, weitete Amazon seine Geschäfte über die klassischen Sortimente Bücher, Videos, Musik aus auf Spielwaren und neuerdings auf den Verkauf von Autos über das Internet. Es fehlt an Konzentration und die dafür erforderliche *eisenharte Disziplin*. Die Verlockungen, mit anderen Artikeln den Umsatz zu steigern sind groß. Das gilt für fast alle Unternehmen in allen Branchen. Die Verlockungen sind es, die disziplinlos machen. Wie viele andere Internetunternehmen wurde auch Amazon von den Börsianern abgestraft.

Porsche, Jena-Optik und MG Technologies (die früher konkursreife Metallgesellschaft) sind Unternehmen, die ihre großen, bedrohlichen Krisen erfolgreich überwunden haben und heute zu Sternen am Unternehmenshimmel aufgestiegen sind. Warum? Sie haben sich konzentriert auf ihre Kerngeschäfte und Kernfähigkeiten. Das klingt einfach? Es ist einfach. Porsche produzierte in der Krise 1992 im Jahr 15.000 Einheiten, heute sind es über 50.000 und das mit nur 3 Typen. Bei 7 Milliarden Mark Umsatz machen sie 1 Milliarde Gewinn, Traumzahlen für andere Automobilbauer. Porsche hat sich die Frage gestellt, welche Autos die Kunden bei ihnen wohl kaufen wollten. Darauf haben sie sich konzentriert.

Nils Schumann, Olympiasieger von Sidney über 800 Meter, beschrieb seinen Weg der Konzentration[39]. Seine Lehre hat er abgebrochen, ein Studium bewusst nicht begonnen. *„Ich habe mich damals für den Sportler, nicht für den Akademiker Nils Schumann, entschieden. Es wäre dumm, beides zu wollen und dann nichts richtig zu machen."* Konzentration gilt grundsätzlich. Sie ist als ein Erfolgsmittel im Sport besonders deutlich.

Aldi: 600 Artikel als Disziplinierungsgröße

Aldi und Ikea haben sich konsequent und seit Jahrzehnten auf ein einziges Geschäftsfeld konzentriert. Beide sind nicht börsennotierte Unternehmen und noch immer im Familienbesitz. Aldi kann heute mit einem Unternehmenswert von 40 Milliarden Euro eingeschätzt werden. Das ist mehr als der Wert von Daimler Chrysler und entspricht 10mal dem Wert von Lufthansa. Ikea und Aldi haben sich seit Jahrzehnten auf ihre Produkte, ihre Kunden und ihre Ideenwelt konzentriert. Durch Klarheit und Konzentration haben Aldi und Ikea so etwas wie ein Persönlichkeitsprofil erworben. Sie sind deutlich erkennbar in der Masse der Anbieter. Aldi hat über Jahrzehnte **eiserne Konsequenz** bewiesen, indem es seine Artikelzahl bei 600 unverändert beließ. Aldi hat das Erfolgselement des beschränkten Sortiments erkannt und es nicht angetastet. Ursprung dieser Zahl war nur eine prinzipielle Überlegung. Es gab keine tiefe Analyse, ob 500 oder 700 Artikel besser gewesen wären. Die Artikelzahl hat Aldi dann festgeschmiedet als eine reine Größe der Disziplin. Mit der festen Artikelzahl konnte man sich über Jahrzehnte gegen die vielen Verlockungen zur Sortimentsausweitung schützen.

Weitere Erfolgsbeispiele der Konzentration schildert Hermann Simon[40]. Heinz Hankammer, Gründer der Firma Brita Wasserfilter, über sein Erfolgsrezept: *„Leifheit, einer unserer Wettbewerber, hat 1000 Produkte, und eines davon ist Wasserfilter. Das ist kein Gegner für uns. Wir haben nur Wasserfilter. Firmen, die viele verschiedene Produkte herstellen, sind für uns keine Bedrohung, weil wir unsere gesamte Energie auf ein Produkt konzentrieren."* Ein anderes Beispiel ist der Schweizer Hersteller von Geschirrspülmaschinen, Winterhalter Gastronom. Winterhalter beliefert nur Restaurants und Hotels mit Geschirrspülmaschinen. Das Ziel: „Lieferant von sauberen Gläsern und Geschirr". Aus dem Markt der Haushaltsmaschinen hatte man sich verabschiedet und sich konzentriert auf den Markt Hotels und Gaststätten. So wurde ein Welt-Marktanteil von 20 Prozent erreicht.

Oft bleiben die Erfolgsgeheimnisse solch großer Taten unbekannt. Die „Geheimnisse" des Misserfolgs werden eher publik. BMW mit seinem Rover-Experiment ist dafür ein deutliches Beispiel. Die Verlockung ist immer wieder der Glaube, alles machen zu können und alle zufrieden stellen zu können. Dahinter verbirgt sich der oft grenzenlose Drang nach Umsatz und Wachstum.

Aldi erfindet den schnellsten Scanner der Welt

Aldi musste im Rahmen der Euro-Einführung von seinem bisherigen Kassiersystem (die Kassiererinnen haben alle Artikelpreise im Kopf) umstellen auf das Scannersystem. Abgeleitet aus dem Hauptziel niedrigster Kosten und Produktivität war es wichtig, auch an der Kasse weiterhin so schnell wie zuvor zu sein. Die bisherigen Scannersysteme sind alle langsamer als die Aldi-Kassiererinnen. Ein entscheidendes Problem ist das allen Supermarktkunden bekannte Suchen nach dem Strichcode auf dem Artikel. Aldi ist in der Informationstechnologie ein Nobody. Aber Aldi machte eine wirklich simple Erfindung: man forderte die Lieferanten auf, den Strichcode an drei, teils vier verschiedenen Stellen an der Verpackung anzubringen, teils sogar auf Dosen rundum laufend. So konnte das Lesegerät schneller arbeiten. Kein Wal-Mart, keine Metro, keine Migros in der Schweiz, die 90 Prozent eigene Marken verkauft und daher die Hoheit über die Verpackungsgestaltung hat, ist in den drei Jahrzehnten, die es den Scanner gibt, bisher auf diese Idee gekommen. Warum Aldi? Man hat sich konzentriert auf sein ureigenstes Geschäftsfeld, auf seine Fähigkeiten, höchste Produktivitäten zu erreichen. Das Geheimnis ist nichts anderes als **höchste Konzentration.**

Disziplin und Konsequenz machen verlässlich

Disziplin und Konsequenz schaffen Berechenbarkeit und Verlässlichkeit. Das baut Vertrauen auf, verringert Unsicherheiten und Komplexität. Konsequent sein heißt, nicht wankelmütig werden, nicht umfallen bei leichtem Gegenwind. Am Thema dranbleiben und nicht aufgeben. Tests, die zunächst nicht erfolgreich scheinen, nicht sofort wieder abbrechen. Sehr zurückhaltend sein mit dem Eingehen von Kompromissen.

An der Konsequenz scheiden sich die Geister. Konsequenz in der Systemstrenge ist wichtig, also in den Grundlagen und Prinzipien, die man sich gegeben hat. Erwin Conradi, jahrzehntelanger Metro-Lenker, sagt, dass die Erfolgsaussichten eines Vermarktungskonzeptes oder eines Systems wachsen, wenn ich genau weiß, welches meine Erfolgselemente sind. Und die darf ich nicht antasten. Nicht antasten heißt konsequent bleiben. Disziplin und Konsequenz sind auf Dauer nicht erreichbar über Sanktionen, sondern nur über gemeinsame normative Überzeugungen und Motivationen. Über Sinn und Verständnis von einem gemeinsamen Ziel. Das immer wieder zu predigen und beispielhaft vorzumachen, ist die Hauptaufgabe des Managements. *„Die wichtigste Führungsstrategie ist einfach: Seien Sie ein Vorbild im konsequenten und disziplinierten Verwirklichen der wahren Ziele"*, so Peter M. Senge.[41]

Der Sinn von diszipliniertem und konsequentem Verhalten wird an folgendem Schaubild deutlich:

	KONSEQUENT	INKONSEQUENT
VORTEIL	später	sofort
NACHTEIL	sofort	später

Stellen wir uns ein Beispiel vor:

In unserem Unternehmen werden bisher keine Firmenwagen gefahren. Nun muss notwendig die Stelle des Finanzchefs neu besetzt werden. Es gibt einen idealen Kandidaten auf einem ansonsten dünnen Anbietermarkt. Man ist sich handelseinig geworden, bis auf einen Punkt. Der neue Mann will nicht auf den Vorteil eines Mittelklasse-Daimlers verzichten. Seit zehn Jahren schon kam er in den Genuss eines solchen Firmenwagens. Nach langen und schwierigen Überlegungen ringt sich der Aufsichtsrat dazu durch, diese Ausnahme zuzulassen.

Vielleicht wäre die Entscheidung des Aufsichtsrats anders ausgefallen, hätte er sich das Chart angesehen. Sehen wir uns die zwei Möglichkeiten des Aufsichtsrates an:

▸ Der Aufsichtsrat ist **inkonsequent**
Den Vorteil hat er sofort: der neue Mann wird seinen Job beginnen.
Den Nachteil hat er später: das bisherige Firmenwagensystem wäre nicht mehr haltbar, weil Unzufriedenheit unter allen anderen über die Zeit dazu führt, Firmenwagen allgemein zu gewähren.

▸ Der Aufsichtsrat ist **konsequent**
Er hat den Nachteil sofort: der Mann sagt ab.
Er hat den Vorteil später: das Firmenwagensystem bleibt erhalten.

Eine solche Entscheidung fällt nicht leicht. **Allerdings: es gibt immer eine andere Möglichkeit.** Bevor man wirklich schwach und inkonsequent wird, sollte man nach der Devise von Toyota überlegen, ob man nicht zum Beispiel das Gehalt erhöhen oder ein privates Leasinggeschäft unterstützen könnte.

Zur Konsequenz gehört es auch, bestehende Systeme ernst zu nehmen und ihre Einhaltung zu kontrollieren. Vernachlässigte Kontrollen und ausbleibende Sanktionen führen zu einer fortschreitenden Verwässerung des Systems. Unsicherheit über Bedeutung und Wirksamkeit des Systems ist die Folge. Fragen entstehen: Soll man die ursprüngliche Regel doch noch oder nicht mehr oder manchmal beachten?

So managen Sie einfach:

1. Konzentrieren Sie sich auf den Sinn der Handlungen, auf das formulierte Ziel. Das ist die Grundlage des Erfolgs. *Ohne Kernidee keine Konzentration!*

2. Es ist wichtig, sich auf das Wesentliche zu beschränken und es ist wesentlich, sich *auf Weniges* zu *beschränken.*

3. Machen Sie Konsequenz zur Richtschnur Ihres Handelns. *Vermeiden Sie Kompromisse* so weit wie möglich.

4. Fragen Sie penetrant nach dem *„warum"* von *Abweichungen und Änderungen.*

5. Konsequenz heißt nicht, dass Ziele, Systeme und Methoden unabänderlich sind. Vielmehr ist es richtig, immer wieder einmal *Sinn, Aktualität und Wirksamkeit* zu *überprüfen.*

6. Seien Sie im konsequenten Handeln ein *Vorbild,* auch wenn das besonders schwer fallen kann. Mit Beispielen schafft man es immer (Bertold Brecht).

11 *Autonomie und Verantwortung*

„Je unübersichtlicher die Welt,
desto mehr muss Freiheit herrschen."
Deutsche Bank

Autonomie ist die Freiheit zum Entscheiden und Handeln. Autonomie und Verantwortung machen leistungsfähiger und schneller. Autonomie und Verantwortung sind die Grundbedingungen für die universell anwendbaren Techniken effizienter Organisation, nämlich für die Dezentralisation und Delegation. Übertragen werden autonome Zuständigkeitsbereiche sowie die damit zu verbindende Machtbefugnis zum Entscheiden und Handeln. Zur Autonomie gehört die Verantwortung.

Die Wirkung der Autonomie

Der Clou von Autonomie ist die **Schaffung von Freiraum für die Mitarbeiter**. Das ist eine Bereicherung des Arbeitsplatzes. Das wirkt motivierend und leistungssteigernd. Autonomie bewirkt eine Entzerrung und Entflechtung der Aufgaben und Themen. Aus einer Hand geht die Verantwortung in eine oder mehrere andere Hände, ohne dabei das System und das Wesentliche aus den Augen zu verlieren.

Am Beispiel vom Tauziehen wird die Effizienz von Autonomie und eigener Verantwortung deutlich. In einem Versuch Mann gegen Mann zog jeder mit einer Kraft von 65 Kilogramm. Als man drei Männer an jedem Ende einsetzte, zog jeder noch mit 52 Kilogramm, bei je acht Männern waren es nur noch 38 Kilogramm im Durchschnitt. Eine ähnliche Wirkung darf man sich vorstellen bei großen oder kleinen Zahlen von Besprechungsteilnehmern oder Projektmitgliedern. Nicht anders dürfte es in Parlamenten sein.

Robert N. Ford, AT & T, berichtet von einem Beispiel über Verantwortung und Autonomie: *„In einer Arbeitsgruppe mit 33 weiblichen Beschäftigten hatten wir eine Fluktuationsrate von fast hundert Prozent. Die Mitarbeiterinnen hatten die*

Aufgabe, die Telefonbücher einzelner Städte auf den neuesten Stand zu bringen. An einem Buch arbeiteten mehrere Damen. Die Fehlerquote war hoch. Auf 1000 Zeilen kamen durchschnittlich 3,9 Fehler. Wir untersuchten 21 Arbeitsplätze und fanden heraus, dass 9 Mitarbeiterinnen lediglich die Arbeit ihrer Kolleginnen kontrollierten. Wir schafften die Kontrolle ab und übertrugen jeder der Damen die Arbeit und Verantwortung für ein Telefonbuch. Das Ergebnis: 7 Arbeitskräfte konnten eingespart werden. Die Fehlerquote sank auf Null."

Die Erklärung für dieses Resultat liegt auf der Hand. Für jede der Mitarbeiterinnen stieg die Verantwortung. Sie wurden sich bewusst, dass es an ihnen lag, wenn Fehler passierten. Zuvor konnten sie sich auf die Kontrolleure verlassen und diese darauf, dass die Mitarbeiterinnen das schon richtig gemacht haben würden.

Mit einer klugen Organisation werden Hindernisse aus dem Weg geräumt. Umfangreiche Kommunikation und Koordination zwischen Unternehmensbereichen und Abteilungen werden zu einer Riesenlast und einem bedeutenden Komplexitätsfaktor. Wenn Organisationen mit eigenen Zielen und eigener Verantwortung ausgestattet werden, so brauchen sie sich nicht mit anderen über alles und jedes abzustimmen und zu informieren.

> *„Ziel und Zweck der Organisation ist es,*
> *den Umfang an notwendiger Kommunikation*
> *und Koordination zu verringern"*
> *Frederick P. Brooks Jr.*

Brooks war bei IBM der Projektmanager der 1964 auf den Markt gekommenen legendären IBM/360, einem Riesenprojekt, an dem 10.000 Mitarbeiter mehrere Jahre tätig waren und das für Jahrzehnte den Industriestandard setzte. Brooks schildert seine Erfahrungen mit diesem Projekt und skizzierte einige grundsätzliche Erkenntnisse[42]. Eine wesentliche Erkenntnis war der obige Satz. Danach sollen so viele kleine Einheiten in einem Unternehmen oder einem Projekt geschaffen werden wie nur irgend möglich. Und zwar solche Einheiten, die prinzipiell unabhängig voneinander arbeiten können. Dabei werden unnötige Wege, Kosten und Reibereien vermieden. Eine solche dezentrale Organisation beschleunigt die Projekte. Kluge Organisation ist wichtiger als die Anzahl der Mitarbeiter oder die Höhe der zur Verfügung stehenden Investitionsmittel. Diese Handlungsmaxime wird in den Unternehmen viel zu wenig beachtet.

Die „Frankfurter Allgemeine Zeitung" zum Beispiel pflegt ein dezentrales System mit hoher Eigenverantwortung und Autonomie. *„Jeder Ressortleiter, ja jeder Seitenredakteur scheint sein eigener Chefredakteur zu sein. Mit eigenen Reportern und Autoren. Jeden Tag macht jeder ... an seinem Platz, was ihm gefällt. Offensichtlich scheint zu stimmen, was man immer hört: Dass es bei der FAZ keine Redaktionskonferenzen gibt – allenfalls Absprachen auf dem Flur. Jeder ein kleiner König. Jeder mit einem Königreich. ... Das Ergebnis ... ist eine Zeitung, in der sich der Leser verirrt ... doch wenn er die Augen offen hält, findet er Schätze über Schätze,"* so Udo Röbel, Chefredakteur Bild-Zeitung[43]. Wie anders sollte eine der anspruchsvollsten Tageszeitungen dieser Welt die Komplexität von Nachrichten, Berichterstattung und Kommentaren steuern als durch Eigenverantwortung der Redakteure unter einer übergreifenden Zielklammer. Ein Redakteur der FAZ äußerte sich so: *„Ich fühle mich furchtbar frei"*.

Die Leistungsfähigkeit einer extremen Dezentralisation nutzt auch das menschliche Hirn. An vielen Orten werden gleichzeitig Teilergebnisse erarbeitet. Es gibt keine Zentrale für letztendliche Entscheidungen[44].

Die Wirkung von Zentralisation und Dezentralisation auf dem Weg zum Ziel

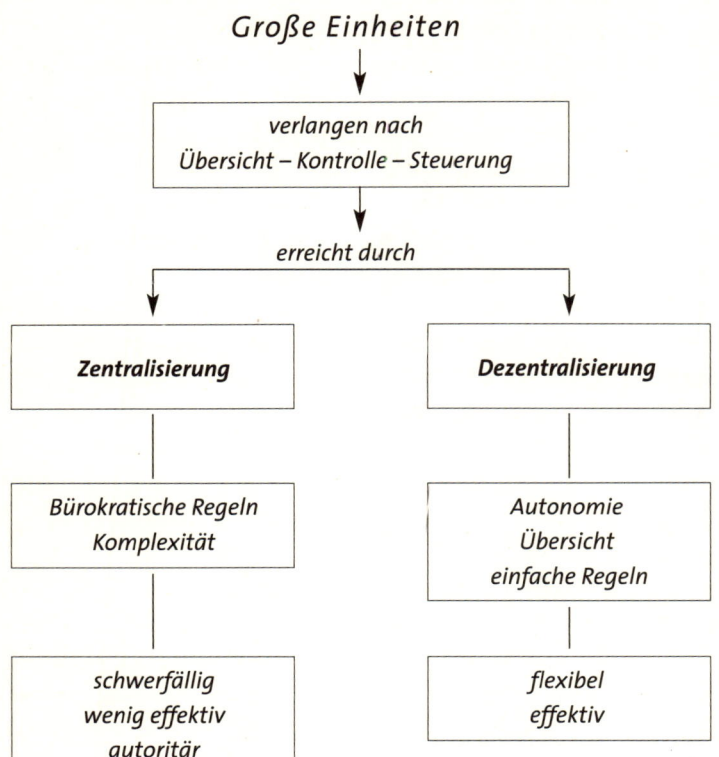

Große Einheiten

↓

verlangen nach
Übersicht – Kontrolle – Steuerung

↓

erreicht durch

Zentralisierung	**Dezentralisierung**
Bürokratische Regeln Komplexität	Autonomie Übersicht einfache Regeln
schwerfällig wenig effektiv autoritär	flexibel effektiv

Die Vorteile der Dezentralisation

▸ geringere Komplexität

▸ geringerer Kommunikations- und Koordinierungsbedarf

▸ kleine überschaubare Einheiten

▸ größere Sicherheit durch geringere Anfälligkeit des Gesamtsystems

▸ Konzentration auf ein Geschäftsfeld

▸ weniger Menschen, weniger Konfliktstoff

▸ besseres Gemeinschaftsgefühl

▸ alle kennen den Chef

▸ schnellere Reaktionsmöglichkeiten auf Überraschendes

▸ Problemfelder sind besser einzugrenzen

▸ Details werden wichtiger

▸ sportlicher Wettbewerb zwischen den dezentralen Einheiten

▸ größere Ideenvielfalt

▸ bessere Marktkenntnis vor Ort

▸ bessere Zusammenarbeit mit Betriebsräten

Die Praxis experimentiert

Immer wieder experimentieren die Unternehmen. Der Anlass ist oft eine Wende in den Ergebnissen. Mal wird dann Zentralismus, mal Dezentralisation gefördert. Zur Dezentralisation gibt es eine eindeutige Tendenz.

C&A erlebt eine Wiedergeburt der Dezentralisation. Den gesamten Einkauf hatte man in Brüssel zentralisiert. Die Ergebnisse dieses Erfolgsunternehmens verschlechterten sich in den letzten Jahren dramatisch. Jetzt wird dieser Zentralismus wieder aufgehoben. Man hat das Regionalprinzip wieder entdeckt. Die zentralen Einkäufer werden ersetzt durch LMC Manager, die Local Merchandise Coordinators.

Nokia verändert gerade seine Organisation von einer Länderorientierung zu einer Kundenorientierung. Nicht mehr der Landeschef USA ist zuständig für DaimlerChrysler, sondern der neu eingerichtete Key Accounter, der weltweit seinen Großkunden Daimler aus einer Hand betreut. Dezentralisation bedeutet nicht nur regionale Gliederung. Auch eine Spartenorganisation ist eine dezentrale Organisationsform. Sparten werden zum Beispiel gebildet nach Produktgruppen oder nach Kundengruppen.

Dezentralisation und Delegation heißt:
Macht abgeben und Verantwortung übertragen

Wie kann ein hochkomplexes Unternehmen wie Siemens oder Philips von der Einfachheit profitieren? Wie müssten sie organisieren? Ganz einfach: Unternehmensteile müssen voneinander getrennt werden. Dann erhalten sie ihre Autonomie in einem definierten Rahmen. Schließlich brauchen sie ein übergeordnetes Ziel. General Electric hat dafür ein nachahmenswertes Beispiel gegeben. Über 600 eigenständige Unternehmen sind im Konzern tätig. Jedes von ihnen hat das Ziel, die Nummer Eins oder die Nummer Zwei in der Welt zu sein. Die allen über geordnete lenkende Maxime heißt „höchste Qualität". Das ist es. Dezentralisation, Trennung und Autonomie verringern die Komplexität des Mammutunternehmens. Wirkliche und konsequente Delegation braucht dazu souveräne Vorgesetzte und Firmenleitungen, die bereit sind, Macht abzugeben. **Souveräne können loslassen.**

Dezentralisation ist der
Entwurf einer Gesellschaftsordnung

Peter Drucker hat in seinem Werk „Concept of Corporation" die fundamentale Bedeutung der Dezentralisation als Organisationsprinzip gewürdigt. Drucker bezeichnete die Dezentralisation nicht nur als eine Managementtechnik, sondern als den Entwurf einer Gesellschaftsordnung. Das wird deutlich, wenn man sich über die Unternehmen hinaus einen Staat wie die Bundesrepublik Deutschland mit ihrer dezentralisierten Bundesländerstruktur oder die Gliederung der Vereinigten Staaten in Bundesstaaten ansieht. Das sind grundlegende Gestaltungen von Gesellschaft, die man sich durchaus noch deutlicher und noch weiter dezentralisiert vorstellen kann, vor allem in der Europäischen Union. Ein Unternehmen wie ALDI könnte hier ebenso ein Beispiel geben wie die Schweiz, das Musterbeispiel für eine leistungsfähige Dezentralisation.

1. **Gewähren Sie Autonomie und Verantwortung.** Sie sind notwendig in einer komplexer werdenden Welt. Die Zentrale schafft die notwendigen Leistungen und Qualitäten nicht mehr.

2. **Autonomie und Freiheit brauchen Regeln**. Je stärker sie beschränkt sind auf das Wesentliche, um so einfacher können sie sein.

3. **Dezentralisation und Delegation sind die technischen Mittel** zur Organisation von Autonomie und Verantwortung

12 *Mut und Furchtlosigkeit*

„Die Grenze ist der Ort der Entwicklung."
Heinrich Fallner

Wenn Verantwortung und Autonomie übertragen werden, muss man in der Lage sein, sie zu nutzen. Dafür braucht es durchaus Mut. Mut und Ehrlichkeit in der Führung sind unverzichtbare Werte eines jeden Unternehmens, um auch dann das Richtige zu tun, wenn es unpopulär ist. Herbert Henzler, Europa-Chef von McKinsey, sieht im Mut die Eigenschaft, an der es den deutschen Managern am ehesten fehlt[45]. Instabile und turbulente Umwelten zwingen zu Grenzüberschreitungen. Für diese Grenzüberschreitungen, einem Verstoß gegen Bestimmungen, Regeln und Traditionen braucht es Mut. Vorgesetzte sollen Menschen mutig machen, anfeuern, die eingespielten Rituale der Mittelmäßigkeit und die scheinbaren Wahrheiten, die eingeübten Prozesse zu verlassen. Das kann Nährboden schaffen für Neues und Einzigartiges.

Mehr Mut in die Führungsetagen

Porsche-Chef Wendelin Wiedeking nahm mutig den Kampf gegen das gesamte Börsen-Establishment auf. Er weigerte sich, wie für alle börsennotierten Unternehmen vorgeschrieben, Quartalsberichte vorzulegen. Mit Recht argumentiert er, dass die kurzatmigen Sichtweisen der Quartalsbeurteilungen die Unternehmens- und Kursentwicklung stören. Das Geschäft muss langfristiger, zumindest jahresweise gesehen werden. Zudem sind viele Quartalsberichte manipuliert, um den Erwartungen der Analysten zu entsprechen. Wiedeking informiert regelmäßig seine Aktionäre nach seinen Vorstellungen. Dieser Mut kommt aus der Position der Stärke: Porsche hatte jahrelang gute Unternehmensergebnisse und war finanziell unabhängig dadurch, dass das Unternehmen keine Bankkredite braucht. Das ist der Mut zur Individualität, gegen Regelungen für alles im Leben. Investoren könnten sich doch auch daran orientieren, in welcher Art und wie gut ein Unternehmen informiert. Formalisierte schablonenhafte Rituale müssen nicht die besten Ergebnisse liefern.

Die gleiche Stärke lässt einige Unternehmen auch heute noch nach alter hanseatischer Tradition Geschäfte mit Handschlag abschließen – ohne Vertrag. Man weiß, dass man ein guter Lieferant mit gutem Produkt ist. Man weiß auch, dass Vertrauen in die Vertragstreue des Kunden von diesem honoriert wird. Man weiß auch, dass im „Unglücksfall" Verträge nur das Chaos mildern können und die Geschäftsbeziehung damit ohnehin zu Ende geht.

Mit Mut und Verantwortung, mit Vernunft und kalkulierten Risiken kann man den Weg zu neuen Zielen beschreiten. Man braucht kein Risk-Management, die neue Mode der Management-Theorien. Es gibt kein Handeln ohne Risiko und kein Leben ohne Risiko! Untätigkeit führt zur Fettleibigkeit. Das Risiko ist der Herzinfarkt. **Der Volksmund sagt: „Wer wagt, gewinnt."** Allerdings, wer wagt, geht auch ein Risiko ein. Seit wann aber ist Unternehmertum eine Veranstaltung ohne Risiko? Ohne Mut gibt es keine Einfachheit. Mut erfordert Vertrauen, besonders Selbstvertrauen. Mut erfordert den Verzicht, weil man nicht alles kann. Mut braucht man auch, um auf Berater zu verzichten, die oft als Alibi eingeschaltet werden, weil sich Geschäftsleitungen selbst nicht trauen. Es mangelt kaum an Ideen, aber sehr oft an der Kraft zur Umsetzung. Mutlose Manager wollen keine Option auslassen, weil sie Angst haben, etwas zu verlieren. Sie wollen alles machen und machen am Ende gar nichts oder wenig. **Mut zum Verzicht** etwa kann heißen **Verzicht auf Umsatz**, um sich auf anderes und Wesentliches zu konzentrieren. Mut heißt, sich nicht zu fürchten vor dem Verlust. Die Furcht kann die Ergebnisse nicht verbessern. Das kann nur die aktive mit Risiko behaftete Handlung. Viele Dinge würde man sich vielleicht gar nicht trauen, wenn man nicht zunächst einmal die Angelegenheit sehr einfach sähe, sich auf den Kern und das Wesentlich konzentrierte.

Lothar Späth und die Jena-Optik sind eine Erfolgsstory. Furchtlos ist Späth nach der Wende seinen Weg gegangen: *„Es hat funktioniert, weil wir keinem Experiment aus dem Weg gegangen sind, auch nicht solchen, die durchaus risikoreich waren."*[46]

Es ist der Mut, den Mitarbeitern zu sagen, worum es geht. Was ist daran so schwierig? Was ist so schwierig daran, den Mitarbeitern zu sagen, was sie richtig oder falsch gemacht haben? Warum diese Mutlosigkeit? Vorgesetzte haben oft Angst, ihren Mitarbeitern unangenehme Wahrheiten zu sagen. Sie zögern, warten ab. Vielleicht ergibt sich eine andere Lösung als dieses unangenehme Gespräch. Die Angst, Unangenehmes mitzuteilen oder einmal nein zu sagen ist schlimmer als das Nein-Sagen selbst. Mitarbeiter wollen und brauchen Klarheit. Vorgesetzte müssen den Mut aufbringen, unfähige Mitarbeiter zu versetzen oder zu entlassen. Das ist ihre Verantwortung. Es gibt die Furcht, klare Grenzen zu setzen, eindeutig ja oder nein zu sagen, gleichermaßen im Management wie in der Kindererziehung. Stattdessen heißt es oft halbherzig „Jein". Es ist eine kindliche Illusion, es allen recht machen zu können, von allen geliebt zu werden. Auch Führungskräfte wünschen Zuwendung, Aufmerksamkeit, Harmonie. Aber diesen Anspruch können sie nicht für ihre bloße Anwesenheit einlösen, sondern nur für ihre sinnvollen Handlungen.

Mut hat entscheidend zu tun mit einer **geistigen und einer materiellen Unabhängigkeit.** Persönliche Prinzipien, Werthaltungen sollten von Führungskräften erwartet werden können. Andernfalls sollte man sie nicht in Führungspositionen beschäftigen. Ratsam ist es zudem, ein Leben in solcher Bescheidenheit zu führen, die es jederzeit erlaubt, einige Etagen tiefer weiter zu arbeiten. Riesige Abfindungen und langfristige Anstellungsverträge wirken diesen Gedanken von der Unabhängigkeit allerdings entgegen. Sie können Manager zum Roulettespiel treiben, wie es manche Megafusion ja bewiesen hat. Wagemut darf nicht zu naivem Leichtsinn führen. Tollkühnheit, Verwegenheit oder Waghalsigkeit sind ebenfalls keine erwünschten Verhaltensweisen eines Managers. Risiken können aber auch entstehen durch Nichtstun oder Unentschiedenheit. Stattdessen sollte Risikofreude – in Verantwortung – prämiert werden.

Unsicherheit und Wankelmütigkeit sind in manchem Unternehmen zu beobachten. Der eingeschlagene Weg oder die verabschiedete neue Zielrichtung und Strategie könnten ja schief gehen. Es kann anders laufen als vermutet oder geplant. Aber was ist zu tun? Nichts tun? Abwarten – worauf? Das sind die Antworten auf die Angst nach dem Muster der Passivität. Den vielen Bedenkenträgern sei mit Franz Kafka zugerufen: *„Verbringe nicht die Zeit mit der Suche nach einem Hindernis, vielleicht ist keines da."*

1. Wenn Furcht bearbeitet wird, kann Mut erreicht werden. Blindmutig allerdings sollte niemand werden. Erhalten Sie den Respekt vor dem Wesentlichen, das ist lebenswichtig. *Mutig kann nur der sein, der sein Leben liebt und sein Unternehmen schätzt.*

2. Arbeiten Sie ehrlich und glaubhaft daran, die *Angst der Mitarbeiter vor einem Jobverlust* zu nehmen. Sollte eine konkret negative Einschätzung der Zukunft vorliegen, dann lassen Sie darüber mutig und offen mit allen einen Gedankenaustausch stattfinden.

3. Mut braucht *Stärke und Unabhängigkeit in materieller und geistiger Hinsicht.* Stärke erreicht man auch durch einen gesunden Geist in einem gesunden Körper. Die finanzielle Unabhängigkeit der Manager vom Unternehmen wäre nützlich für das Unternehmen.

4. Organisieren Sie jedes Projekt, jede Aufgabe möglichst so, dass die *Möglichkeit zu kleinen und frühen Erfolgen* besteht – das macht Mut zum Weitermachen.

5. Prämieren Sie die *Kultur des „Versuch und Irrtum".* Das macht Mut und übt.

13 *Vertrauen und Kontrolle*

„Vertrauen ist ein Mechanismus
der Reduktion sozialer Komplexität."

Niklas Luhmann

Vertrauen ist ein Kernthema der Einfachheit. Es geht um Beziehungen zu Kunden, Lieferanten, Mitarbeitern, Kollegen und Bürgern. Aldi etwa hat ein solches Vertrauensverhältnis mit seinen Kunden aufgrund besonders guter und zuverlässiger Leistungen über Jahrzehnte aufgebaut. Nur Vertrauen, das Aldi niemals enttäuscht hat, macht es heute möglich, innerhalb von drei Tagen Computer im Wert von 200 Millionen Euro zu verkaufen.

Einfachheit ist ohne Vertrauen kaum erreichbar. Der Satz von Niklas Luhmann[8] dürfte über die soziale Komplexität hinaus auch für die technische Komplexität gelten. Menschen brauchen auch Vertrauen in technische Systeme wie Computer, Flugzeuge, Heizungssysteme oder Blitzableiter, wenn sie nicht in Komplexität ersticken wollen.

Nach einer Untersuchung in England bei 500 Geschäftsführern und Vorständen sagen 65 Prozent, dass Vertrauen ein Problem in ihrem Team ist[47]. In den Unternehmen ist es gerade das Vertrauen, das zählt, und gerade *nicht* all die anderen, so oft geforderten und beschriebenen Dinge wie Motivation, Führungsstil und Unternehmenskultur. Eine auf Vertrauen basierende Führungssituation ist robust genug, Führungsfehler auszuhalten und zu verkraften. Wer Vertrauen schaffen will, muss charakterlich integer sein. Vertrauen basiert auf Berechenbarkeit, Verlässlichkeit und Glaubwürdigkeit[48].

Misstrauen schadet

Glaubwürdigkeit ist zerbrechlich, sie kann schnell verspielt werden. Die zur Metro-Gruppe gehörenden Real-Verbrauchermärkte verkauften 2001 alte eingefrorene Schollen als „frisch"[49]. Rewe's Minimalmärkte verkauften im April 2001 das im Vorjahr eingefrorene Rindfleisch als Frischfleisch und verstießen damit gegen die Kennzeichnungspflicht[50]. Solche Vorkommnisse sind in Unternehmen mit einer starken echten Unternehmenskultur nicht vorstellbar. Für Aldi wäre das undenkbar. So würde das Vertrauen der Kunden auf Jahre hinaus verspielt.

Kunden nutzen das Vertrauen, das ihnen zum Beispiel bei Reklamationsabwicklungen entgegen gebracht wird, nicht aus. Das wird aber immer wieder angenommen. In vielen Unternehmen fehlt der Mut zu großzügigen Regelungen. Man hat Angst, man ist misstrauisch, dass Kunden das ausnutzen könnten. Misstrauen ist so weit verbreitet – und natürlich auch nicht immer und vollkommen unbegründet – dass Firmen zu den absonderlichsten Verfahren greifen. Die sind dann meistens komplex und für das Vertrauensverhältnis zu den Kunden schädlich.

Wer vehement das Misstrauen bekämpft, erzielt fünf mal so viel Profit wie die skeptischen, misstrauischen Unternehmen und ihre Manager. Das ergab eine Befragung von 463 Managern aus allen Branchen[51]. Andere halten ein „gesundes Misstrauen" für völlig in Ordnung. Zwar reden sie gleichzeitig viel von Vertrauen, meinen aber, Kontrolle sei besser. Sie sind weniger bereit, Risiken einzugehen. Wer aber kein Risiko einzugehen bereit ist, bleibt lieber misstrauisch. Registriert werden dann nur die Bestätigungen. Lernen aus Misstrauen: aha, siehst du, ich habe es ja gewusst. Und wenn dann einmal Vertrauen bestätigt wurde, dann wird dieses als Ausnahme bezeichnet und erklärt, dass es diesmal so zu erwarten war. **Glaubwürdigkeit und Berechenbarkeit** sind die Grundlagen von Vertrauen. Wer glaubwürdig ist, ist stark, in sich gefestigt. Er ist selbstsicher. Ihn wirft es nicht um, wenn er einmal betrogen wird. Er weiß trotzdem um den großen Nutzen des Vertrauens.

Das so genannte gesunde Misstrauen ist ein Vorwand, ein Trugschluss. Wer misstraut, braucht mehr Informationen und verengt zugleich die Informationen, auf die zu stützen er sich getraut. Er wird von weniger Informationen stärker abhängig. **Wer misstraut, wird von immer weniger Leuten immer mehr abhängig** (Niklas Luhmann).

Die Grenze der Risikobereitschaft muss da liegen, wo das Wesen und die Existenz eines Unternehmens oder eines Staates gefährdet sind. Dort ist höchstes Misstrauen angebracht, denn es macht aufmerksam und aktiviert die Abwehrkräfte. Allerdings müssen die Aktivitäten in zielgerichtete, kontrollierte Handlungen münden.

Vertrauen ist eine gewinnbringende Tugend

Vertrauensfähigkeit ist eine Tugend, eine soziale Kompetenz. Vertrauen setzt die Kenntnis der Gefahren des Lebens, der Unzulänglichkeiten, der Unzuverlässigkeiten anderer voraus. Für eine vertrauensorientierte Unternehmensführung steht auch der Jesuitenpater und Moralphilosoph Rupert Lay: *„Manager, die kein Vertrauen aufbauen können, haben auch keinen ökonomischen Erfolg."* Mit der Bereitschaft zum Vertrauen geht einher die Voraussetzung des *Selbstvertrauens.* Nur, wer sich selbst vertraut, stark und gefestigt ist, kann anderen vertrauen. So ist der Mangel an Mut und Risikobereitschaft eben in diesem Mangel an Selbstvertrauen, an der eigenen Angst fest zu machen. Misstrauen, Angst, das liegt nebeneinander. Wer kein Selbstvertrauen hat, sucht bei anderen manchmal nach hinterlistigen Motiven.

Helmut Maucher nennt Glaubwürdigkeit die wichtigste Eigenschaft des Managers: das heißt praktizieren, was man predigt. Das heißt ehrlich und offen mit den Mitarbeitern umgehen.

Porsche-Chef Wendelin Wiedeking wollte keine Subventionen für einen Standort in Leipzig: *„Wir wollen Subventionen nicht, weil Luxus und Stütze nicht zusammenpassen."*[52] Das ist authentisch, das zeigt Glaubwürdigkeit. **Die erfolgreichen Unternehmer sind erfolgreich wegen ihrer Tugendhaftigkeit.**

Vertrauen durch Kontrolle

Die Redensart **„Vertrauen ist gut, Kontrolle ist besser"**, ist dumm und falsch. Der Gedanke sollte sein: *Kontrolle begleitet Vertrauen.* Vertrauen ohne Kontrolle ist blindes Vertrauen. Kontrolle fördert Vertrauen, **Kontrolle schafft Vertrauen.** Damit nimmt Kontrolle auch Angst und fördert die Entwicklung von Mut. Vertrauen, gefördert durch Kontrolle nimmt Unsicherheit, macht berechenbar und gibt Sicherheit. Lenins Satz ist ungeeignet für das moderne Management. Er ist besser geeignet zur Sklavenhaltung.

Kontrollsysteme sind oft unter der Annahme gestaltet, dass 90 % der Leute faul sind und betrügen, lügen, stehlen. Es werden 95 % demoralisiert, die wie Erwachsene handeln, weil Systeme errichtet werden, um sich gegen die 5 % zu schützen, die wirklich bösartig handeln.

Kontrolle ist ein einfaches und wirksames Mittel des Kontakts zwischen

Chef und Mitarbeiter. Viele Mitarbeiter (das Fraunhofer Institut ermittelte 70 Prozent) beklagen sich darüber, dass sie mit ihren Leistungen überhaupt nicht wahrgenommen werden. Sie beklagen sich gar nicht primär über Kritik. Offenbar wird nicht einmal diese ausgesprochen. Man kümmert sich gar nicht. Kontrolle in angemessener Form dagegen ist ein Mittel, über das Vorgesetzte die Leistungen ihre Mitarbeiter sehr gut wahrnehmen können. Kontrolle darf nicht der Fehlersuche und dem anschließenden Abstrafen dienen. Sie kann ausgeführt werden als ein Dialog zwischen Vorgesetztem und dem Mitarbeiter. Eine ziemlich gesicherte Erfahrung ist, dass nicht die Mitarbeiter die Kontrolle scheuen, sondern die Vorgesetzten Hemmungen haben, weil sie sich fachlich und führungsmäßig überfordert fühlen können und die Arbeit als lästig empfinden. Sie stehlen sich aus der Verantwortung und aus der Chance zum kreativen Dialog.

Kontrolle ist ein Mittel, Leistungen wahrzunehmen, zu sehen, was der Mitarbeiter geschafft hat. Kontrolle ist ein Dialog über Aufgaben und Ergebnisse, über Abweichungen von Vorstellungen und ein Austausch über Einschätzungen und Bewertungen. Kontrolle sollte nur eine Stichprobenprüfung sein, ob Regeln und Vorschriften eingehalten werden. **Kontrolle soll Vertrauen bestätigen.**

Vertrauen durch Berechenbarkeit: Gilt die rote Ampel?

Berechenbar ist jemand, der nicht durch unerwartete – negative – Handlungen überrascht. Auf seine Handlungen kann man sich einstellen. Er ist **verlässlich und glaubwürdig**. Vertrauen wird erworben durch immer neue Beweise aus konkreten Handlungen. Erwartungen werden erfüllt. Das geht nicht ohne Kontrolle. Kontrolle wiederum braucht Folgehandlungen. Wer Kontrolle ausübt, muss folgerichtige oder konsequente Handlungen vollziehen. Ein Beispiel aus dem Straßenverkehr macht das deutlich.

Ampeln an Straßenkreuzungen oder an Fußgängerüberwegen geben den Verkehrsteilnehmern Vertrauen in die zu erwartenden Handlungen der anderen Verkehrsteilnehmer. Wenn es funktioniert, bekommen sie immer wieder Bestätigungen für ihr Vertrauen in das System. Sie können sich verlassen, die

Handlungen der anderen sind berechenbar. In der täglichen Praxis im Straßenverkehr ist immer mehr zu beobachten, dass Regeln nicht eingehalten werden. Besonders deutlich ist das an der roten Fußgängerampel. Fußgänger gehen oft bei Rot. Der Autofahrer kann sich nicht mehr ohne weiteres darauf verlassen, dass kein Hindernis da sein wird. Immer öfter kreuzen Autofahrer über durchgezogene Trennlinien auf stark befahrenen Straßen oder fahren noch bei Rot über die Kreuzung. Die Berechenbarkeit sinkt, Vertrauen schlägt um in Misstrauen. Der Straßenverkehr nimmt damit für alle Teilnehmer an Komplexität zu. Ohne Vertrauen steigt Komplexität. Verkehrsregeln sind nicht zuverlässig. Dann entsteht eine Tendenz, sie mehr und mehr zu ignorieren. Unsitten „reißen ein".

Es gibt nur zwei sinnvolle Wege für den verantwortlichen Staat. Entweder er kontrolliert und sorgt mit Sanktionen für die Einhaltung der Regeln, die er sich selbst gegeben hat. Oder er hebt die Regel auf. In beiden Fällen würden Verlässlichkeit und Vertrauen wieder hergestellt. Eine nicht vorhandene Ampel führt nicht zu Unsicherheiten, die im „System Ampel" begründet wären. Komplikationen, Misstrauen, Risiko würde es nicht geben. Man stellt sich auf die Situation ein.

Das Verkehrsbeispiel kann übertragen werden auf die Praxis und den Umgang mit Regeln in den Unternehmen. Wenn vereinbart ist, dass unter bestimmte Dokumente zwei Unterschriften gehören, so muss diese Regel eingehalten werden. Sie muss auch stichprobenweise kontrolliert werden. Wird diese Regel nicht immer oder gar immer seltener eingehalten, so wird sie sinnlos. Man kann durchaus prüfen, ob die Regel überflüssig ist und sie abschaffen. Wenn sie sinnvoll ist, muss sie eingehalten werden. Sonst gehen Vertrauen und Verlässlichkeit verloren. Diese Überlegungen gelten für alle Organisationen, staatliche Behörden, Gesetze und Verordnungen. Sicher ist es besser, eine Regel zu streichen als die ständige Missachtung ohne Sanktionen zuzulassen. **Notwendig sind Klarheit, Eindeutigkeit und Berechenbarkeit.**

Hier können wir einfach Fredmund Malik in „Führen Leisten Leben" folgen. Der Grundsatz lautet:

1. Vertrauen Sie jedem, soweit Sie nur können – und gehen Sie dabei sehr weit, bis an die Grenze, aber stellen Sie sicher, dass:

2. Sie jederzeit erfahren werden, ab wann Ihr Vertrauen missbraucht wird;

3. Ihre Kollegen und Mitarbeiter wissen, dass Sie das erfahren werden;

4. jeder Vertrauensmissbrauch gravierende und unausweichliche Folgen hat;

5. Ihre Mitarbeiter auch das unmissverständlich zur Kenntnis nehmen.

14 Gesunder Menschenverstand – Erfahrung – Intuition

„Wir brauchen auch ein gewisses Maß an Dummheit
im Sinne des Verzichts auf Informationen.
Sonst können wir zwar alles gut erklären, analysieren.
Aber noch nicht die Lösungen für die Zukunft finden."
Gerd Binnig, Physik-Nobelpreisträger

Orientierung statt Information.
Weg mit Wissen – her mit Denken!

Weniger ist mehr. Wer alle möglichen Informationen ausschöpfen wollte, wäre am Ende viel zu erschöpft, um sie noch zu nutzen. Das Problem ist nicht mangelndes Wissen. Das Problem ist nur die Orientierungslosigkeit, die oft eine Folge von zu viel Wissen ist. Man vernachlässigt dabei das eigene Denken. Gesunder Menschenverstand und die Erfahrung der Älteren sind geeignet, die zunehmenden Komplexitäten zu verringern oder zu beherrschen. Mit gesundem Menschenverstand hätten wir das Scheitern vieler E-Commerce-Projekte vorausahnen können. Ziele und Umsetzung waren vielfach unrealistisch, amateurhaft und zudem zu kompliziert.

Die Qualität der Arbeit ist nicht abhängig vom Fachwissen allein, sondern auch vom **Orientierungswissen**, allgemein von den Fähigkeiten zu Lösungen. Immer mehr ist festzustellen, dass bei Entscheidungen 50:50-Situationen vorkommen. Angesichts der Komplexitäten könnte man es so oder auch so machen. Entscheidungen aus dem Bauch haben große Bedeutung. Es wird gesagt, dort säßen die wichtigen Faktoren Angst und Intuition. Trotzdem: Wir produzieren Zahlen – Daten – Fakten. Wir sind gründliche Technokraten. Wir versuchen den Kunden statistisch in den Griff zu bekommen. Wir entwickeln Tools, Controllinginstrumente. Das alles bringt uns nicht weiter. Es gilt Albert Einsteins Wort:

„Phantasie ist wichtiger als Wissen"

Klare Ziele und Kultur schaffen Orientierung

Kultur, Sinn und Ziele werden durch Fakten verdeckt. Man neigt dazu, viele Probleme als Probleme des Nichtwissens zu deuten. Aber **Sinnfragen können nicht aus Informationen abgeleitet** werden. Wissen in Überfülle wird nutzlos. Der Kopf muss frei bleiben zum Denken und zum Erinnern und Vergegenwärtigen des Wesentlichen. Computer, Lexika, Bibliotheken, das Internet, sie alle stellen eine ungeheure Menge an Wissen zur Verfügung. Manchen mag das beruhigen. Man kann ja nachschlagen. Und dann kommt die Frage: „Warum soll der Kunde mein Produkt kaufen?" Das kann man nirgends, nicht einmal im Internet, nachlesen.

Sich Orientierung verschaffen heißt besonders, die einem Sachverhalt zugrunde liegenden Systeme und Bedingungen zu erkennen. Phantasie und gesunder Menschenverstand sind notwendig bei der Entdeckung und beim **Verstehen des Wesens und der Elemente von Systemen.** Hat man Sinn und Elemente erkannt, können leicht die notwendigen Beurteilungen, Entscheidungen und Maßnahmen angestellt werden. Dafür ein Beispiel: bei der Herausgabe meines Buches „Konsequent einfach. Die Aldi-Erfolgsstory" als Taschenbuch durch den Heyne-Verlag wurde zusätzlich ein Sachwortverzeichnis erstellt. Ich ging davon aus, dass man die vielen gleichartigen Begriffe über die Computer-Suchprogramme erkennen wird. Nach sehr wenigen und oberflächlichen Stichproben gab ich das Verzeichnis frei. Später stellte ich fest, dass wichtige Begriffe oder Zuordnungen fehlten. Auf Nachfrage stellte ich fest, dass ein Student die Aufgabe manuell gelöst hatte. Hätte ich das gewusst, mich also richtig über das zugrunde liegende System informiert, hätte ich eine sorgfältigere Prüfung vorgenommen.

Die Lehre aus diesem Beispiel also heißt: Vor dem Beginn mit einer Arbeit zunächst das Wesen und die Elemente eines Systems ergründen. So gewinnt man die notwendige Orientierung, die Komplexität bewältigt.

Feuerwehrleute orientieren sich ohne Wissensmanagement

Der Erkenntnispsychologe Gary Klein hat an überzeugenden Beispielen dargestellt, welche Rolle die Erfahrung im schnellen Entscheidungsprozess spielt[53]. Klein hat für das amerikanische Army Research Institute untersucht, wie Menschen unter Zeitdruck und unklaren Umständen Entscheidungen treffen. Klein stellte fest, dass sich die Entscheidungen von Feuerwehrleuten danach richteten, ob sich ihrer Erfahrung nach eine typische Situation entwickelt hat. Die Feuerwehrleute haben sich im Laufe der Jahre einen reichen Erfahrungsschatz angeeignet und kategorisieren die Brände unbewusst, um die richtige Maßnahme zu treffen. Im Ernstfall durchsuchen sie blitzschnell ihr Gedächtnis nach einem typischen Brand, der dem ähnelt, den sie im Augenblick zu bekämpfen haben. Intuition beruht darauf, dass man sehen gelernt hat – dass man gelernt hat nach bekannten Anhaltspunkten oder Mustern Ausschau zu halten, um dann die passenden Entscheidungen zu treffen.

Die Beschreibung von Klein über die mutmaßliche Denkweise der Feuerwehrleute erinnert sehr an die Arbeitsweise **Albert Einsteins „Ich taste mich voran."** Kleins Frage war, woher wissen Feuerwehrleute, dass ihre Entscheidung nicht falsch war? Seine Annahme: Die Feuerwehrkommandanten wägen vor ihren Entscheidungen nicht die Alternativen ab. Vielmehr beginnen sie instinktiv mit der Brandbekämpfung – und dann erst vergleichen sie ihre bereits getroffene Entscheidung mit den Alternativen. Sie stellen sich vor, welche Konsequenzen die geplante Vorgehensweise haben kann und zu welchem Ergebnis sie führen wird. Sie vergleichen nie eine Möglichkeit mit der anderen, aber sie beurteilen blitzschnell jede Alternative für sich allein. Sie brauchen nicht die beste Lösung, sondern nur eine, die funktioniert. Sie handeln, sind schnell und verzichten auf zeitraubende Analysen, über deren Nutzen man zumindest vorab gar nichts weiß.

Es geht nicht um richtig oder falsch, sondern um besser

Ähnlich wie die Feuerwehrleute nutzen die Großmeister des Schachspiels ihre Erfahrungen. Forschungen an der Universität Konstanz zeigen, dass die Großmeister ganze „Informationsbrocken" oder „Chunks" aus ihrem Langzeitgedächtnis abrufen. Sie greifen auf abgespeichertes Wissen aus früheren Duellen zurück und ersparen sich die Analyse des einzelnen Zuges. Eine bestimmte Anordnung der Figuren auf dem Brett wird als Einheit wahrgenommen und im Langzeitgedächtnis abgelegt. Großmeister sollen bis zu 100.000 solcher Chunks zum blitzschnellen Abrufen gespeichert haben[54]. So dürfte manchem auch die gute Leistung älterer Schachspieler erklärlich werden. Auf jeden Fall ist dieses ein Hinweis auf den Nutzen von Erfahrungen und Intuition älterer Mitarbeiter.

So einfach macht es Aldi

Aldi arbeitet nur mit wenigen Statistiken. Sie sind jeweils ein konkretes Handlungsinstrument im Gegensatz zu den Datenlagern, die nur eine Illusion der Perfektion und Wahrheit geben. Alle wesentlichen Artikeldaten – und das sind nur Umsatz, Verkaufspreis und Handelsspanne – produziert Aldi nur einmal im Quartal. Das reicht, weil Ziele und Strategie klar und die Handlungsalternativen bekannt sind. Nicht anders arbeitet Jack Welch bei General Electric. Die Themen in allen Unternehmen rund um den Erdball sind die gleichen.

> *„Den meisten Leuten helfen all die Daten nicht weiter.*
> *Was sie wissen müssen, ist: Welche strategischen Fragen muss ich beantworten?*
> *Welche Variablen sind zu berücksichtigen?"*
> *Jack Welch*

Dieses ist eine Erkenntnis, die ich in allen Unternehmen und bei allen Situationen, die in meinem Arbeitsleben eine Rolle spielten, ohne Ausnahme immer wieder bestätigt gefunden habe. Die vielen Daten helfen nicht weiter. Immer hat es sich gehandelt um pure Neugier, um reine Beschäftigung, um Vertreiben von Langeweile bei Managern, die ohne klare und fordernde Ziele etwas verwalten. Es ist doch einfach nicht machbar, jeden Tag in Hunderten von Läden Tausende von Veränderungen im Sortiment vorzunehmen. **Eine Illusion.** Konzentration ist angesagt.

11. September 2001:
Nachrichtendienste ohne Orientierung

Traurige Bedeutung haben die Überlegungen zu massenhaften Informationen und die Zweifel an deren Zweck als Handlungsgrundlage bekommen mit dem schrecklichen Terrorangriff auf New York und Washington im September 2001. Den amerikanischen Nachrichtendiensten wurde vorgeworfen, dass sie trotz unbegrenzter technischer und finanzieller Mittel keine Ahnung hatten von den geplanten Anschlägen. Die ständig steigende Technologiehörigkeit hat viele blind gemacht. Software und Hardware der modernsten Computer machen den Menschen nicht überflüssig. Massenhaft werden Daten gespeichert, die später immer erst dann analysiert werden, wenn man weiß, wonach man suchen soll. Das Satelliten-Spionagesystem ist in der Lage, pro Minute bis zu drei Millionen Faxe, Emails und Telefongespräche abzufangen. Wer kann das intelligent auswerten? Nicht die zwei Mitarbeiter, die in jeder Schicht vor den riesigen Datenspeicheranlagen sitzen. Genau die gleiche Situation findet man in den großen Unternehmen, die alles und jedes mit ihren Computern speichern. Alles ist da, außer einer Orientierung, die nur durch Menschen geleistet werden kann. **Alle Daten brauchen am Ende eine bewusste Bewertung und die Ableitung einer Entscheidung und Handlung.** Das kann nur ein gebildeter und erfahrener Mensch leisten. In der Auswertungsmöglichkeit der Daten durch Menschen liegt die Begrenzung des Sinns von großen Datenmassen. Eine automatisierte Bewertung, Entscheidung und anschließende Handlung ohne menschliches Eingreifen ist unvorstellbar.

So arbeiten Ignacio López und Katrin Gräfe

Ferdinand Piech berichtet im Gespräch von den einfachen Dingen, die es selbst bei Volkswagen gibt[55]: *„Ich erinnere mich, wie López am Fließband beobachtete, dass die Greifplätze für Einzelteile viel zu weit entfernt waren. Die Leute liefen hin und her – heute müssen sie sich nur drehen, und sie brauchen sich nicht zu bücken. Das spart Zeit, und es schont die Gesundheit, wenn schweres Heben vermieden wird."* Der berühmte Rationalisierer **José Ignacio López tat einfache Dinge.**

Sehr ähnlich arbeite ich heute selbst. Das habe ich bei Aldi von meinem

Lehrmeister Otto Hübner gelernt. Wenn ich Läden besuchte, habe ich oftmals aus einem Winkel des Ladens einen bestimmten Mitarbeiter bei seiner Arbeit beobachtet. Nicht, um festzustellen, wie fleißig er war, sondern allein, um zu sehen, wie der Arbeitsablauf funktionierte und was man verbessern könnte. In gleicher Weise konnte ich in der Türkei bei meinem Kunden BIM beobachten, wie eine Frau 24 Kilogramm Kartons von der Palette ins Regal trug. Das konnte sofort geändert werden: bei großen Läden konnten die Kartons gleich auf der Palette bleiben, und der Kunde konnte sich selbst von dort aus bedienen. Für kleinere Läden konnte durch Absprachen mit den Lieferanten dafür gesorgt werden, dass die Kartons nur noch den halben Inhalt mit dem halben Gewicht hatten. So einfach sind die Dinge, die wir mit dem gesunden Menschenverstand erfassen können. Hierfür braucht man nur Riesenspeicherkapazitäten im eigenen Hirn. Mitarbeiter bei der Arbeit beobachten, heißt **Phantasie** einsetzen **statt Produktivitätsmessung**.

Katrin Gräfe, Direktorin im Elysee-Hotel, Hamburg, schildert ihre Arbeit so: *„Ich habe Einsparungen erreicht durch einfaches Infragestellen von Rechnungsposten. Ich habe mich etwa gefragt, warum die Montage unserer Weihnachtslichterketten mehr als 7000 Mark kosten musste. Auszubildende haben das beim nächsten Mal dann mit großem Spaß selber gemacht."* Es geht nicht vorrangig um kluges Wissen. Neben der Phantasie geht es eben auch ums Handeln, wie Katrin Gräfe es zeigte. Reinhold Würth sagte es so: *„Wissen ist Schlaf. Realisieren ist Macht."*

Intuition – der gute Riecher

Der gute Riecher kommt aus Lebenserfahrung und braucht die Sicherheit, der eigenen Intuition zu trauen. Habitat, eine Ikea-Tochter, vertraut bei Auswahl und Design auf ihren Artdirector Dixon und dessen zehnköpfiges Team. Firmenchef Ebbe Jacobsen: *„Wir zahlenfressenden Business-Leute würden wahrscheinlich weiterhin die Produkte auswählen, die sich aktuell gut verkaufen, Tom dagegen muss uns überzeugen, dass wir auf Produkte setzen, von denen heute niemand weiß, ob sie sich in zwei Jahren verkaufen lassen."* Intuition mag von manchen durchaus mit Geringschätzung betrachtet werden. Intuition ist einer der so genannten „weichen" Faktoren. Oft sind die weichen Faktoren gerade diejenigen, die Charakter und Talent ausmachen und schwer erlernbar sind. Aber sie sind sehr wertvoll. Intuition ist eine Kraft. Sie ist die Kraft des „siebten Sinns".

Erfahrene Autofahrer und Anfänger unterscheiden sich. Der erfahrene achtet auf das Wesentliche. Das Unwesentliche blendet er aus – für den Augenblick. Er abstrahiert. Beim Durchfahren einer Straße sind die Park- und Halteverbotsschilder nicht wichtig. Wichtig sind die parkenden Autos und die Gefahr, dass ein Kind plötzlich hindurchlaufen könnte. Intuitiv realisiert er die Wahrscheinlichkeiten und Möglichkeiten. Der Anfänger dagegen versucht, alle angebotenen Informationen – insbesondere Verkehrsschilder – aufzunehmen, aus Angst, etwas zu übersehen.

„Fuzzy-Logic" – eine Idee für die Praxis

In der Fuzzy-Logic werden die Situationen unterschieden nach Eigenschaften wie *unscharf – unbestimmt – undeutlich – heiß – kalt – wenig – mittel – viel*. Der einfache Grundgedanke ist, dass für viele Entscheidungen statt genauer Zahlen verbale Werte wie heiß oder kalt ausreichen. Statt starrer ja-nein-Regeln gibt es ein sowohl-als-auch. Die eigentliche Stärke der Fuzzy-Logic ist die Beschäftigung mit komplexen Aufgaben. Wichtig ist das Erkennen von Mustern. Die Realität wird intuitiv anhand von Mustern mit Unschärfen erfasst. Fuzzy-Logic wird zum Beispiel angewendet für die Arbeitsweise von automatisierten oder automationsunterstützten Bremssystemen bei PKWs.

In der Wirtschaft gehen viele intuitiv fuzzy-haft vor. Die folgende sehr komplexe Aufgabe zeigt das.

Ein Unternehmen vergleicht 2 Artikel in seinem Sortiment miteinander:

	Margarine A Markenartikel	Margarine B Eigene Marke
Verkaufspreis DM	3,00	1,60
Verkaufsmenge/Stück	3500	4200
Handelsspanne %	11,4	12,4
Handelsspanne DM	1197,00	833,00

Das Unternehmen verfolgt die Strategie, so wenig wie möglich gleichartige Artikel zu führen und dabei möglichst nur eigene Marken. Die Entscheidungsfrage lautet: Können wir auf Artikel A verzichten, denn das würde der Strategie des Unternehmens entsprechen?

Sieben Faktoren spielen in diesem konkreten Praxisfall bei der Entscheidung eine Rolle:

▶ der Umsatz, der von der Marke A auf die eigene Marke B verlagert wird, wenn A ersatzlos aufgegeben wird. Wüsste man, dass alle A-Kunden abspringen, wäre das Ergebnis zunächst klar. Man würde 1.197 Mark verlieren. Aber das ist nicht zu erwarten.

▶ auf wie viel Umsatz und Handelsspanne ist man bereit zu verzichten, um die Strategie zu verwirklichen, also auf A zu verzichten?

▶ die Ungewissheit künftiger Entwicklungen in Preis und Qualität bei der eigenen Marke und beim Markenartikel

▶ Qualitätsunterschiede

▶ die Marktanteile der verschiedenen Marken, also ihre Bedeutung generell

▶ die Reaktion des Markenartikel-Lieferanten generell, weil von ihm auch noch andere Artikel eingekauft werden

▶ die Freiheit und Unabhängigkeit, den Verkaufspreis autonom festzusetzen (Markenartikelhersteller haben damit Probleme bei ihren anderen Kunden)

Eine Entscheidung kann nur gefällt werden, indem bei jedem Faktor eine Annahme gemacht wird, die entweder eine positive oder eine negative, skeptische Richtung hat. Zu beachten ist, dass die Faktoren nicht alle die gleiche Gewichtung haben.

Es ist nur möglich und praktikabel einzuschätzen, was jeweils besser oder schlechter ist. Nichts ist rechenhaft. Sinnlos wären quantifizierte Annahmen, bei der in verschiedensten Szenarien über 1000 Kombinationen durch den Rechner gejagt würden.

Mit der Fuzzy-Technik kann die Lösung gefunden werden. Beispielsweise würde die Annahme zur Qualität lauten „A ist etwas besser als B", und Qualität ist eines der wichtigsten Kriterien. So würde man alle Kriterien „unscharf" durchgehen. Alle Sortimentsentscheidungen hat Aldi so getroffen. Zusätzlich kann man Versuche und Tests durchführen, um seine Annahmen zu bestätigen.

Besser und kompetenter kann die Problematik um Wissen und Information nicht ausgedrückt werden:

Neil Postman, Technopolis

„Je mehr wir mit Fakten eingedeckt werden, desto weniger erschließt sich uns der Hintergrund oder Zusammenhang einzelner Botschaften."

Peter Sloterdijk, Philosoph

„Ein Übermaß an Informationen wiegt uns in falscher Sicherheit. Man glaubt sich gut informiert, aber die Genauigkeit von Urteilen und Einschätzungen nimmt ab.

Zu viele Informationen führen zur Orientierungslosigkeit."

Karl-Heinz Voigt, Neurobiologe

„Faktenreichtum führt zur Theoriearmut. Die Wissenschaftler überschwemmen sich selbst mit Informationen aus zahllosen, weltweit durchgeführten Experimenten. Eine ‚Zusammenschau' wird immer schwieriger. Verzweifelt werden Theorien gesucht, mit denen sich die Informationen zu einem sinnvollen Ganzen integrieren lassen."

So managen Sie einfach:

1. Das wichtigste ist, **Orientierung zu finden.** Orientierung finden Sie, wenn Sie immer wieder Sinn und Ziel der Handlungen prüfen und deutlich machen.

2. Bevor umfangreiche Analysen angestellt werden, sollten Sie **Hypothesen aufstellen.** Das sind – zunächst noch – unbewiesene Annahmen zu verschiedenen Fragen oder Ereignissen. Dann sollten Sie versuchen, die Annahme zu beweisen oder zu widerlegen – mit **viel Denken und wenig Zahlen.**

3. Ergründen Sie vor Beginn einer Arbeit zunächst das **Wesen und die Elemente, die dem System zugrunde** liegen. Dann werden die Zusammenhänge und Bedingungen deutlich.

4. **Phantasie ist wichtiger als Wissen** (Einstein) – das heißt auch, dass Querdenken gefördert und erlaubt werden muss.

5. Machen Sie den **Kopf frei** von zu vielen Informationen und schaffen Sie Platz zum Denken. Informationen sind Holschulden. Mehr als die Hälfte aller Informationen werden überflüssig.

6. Suchen Sie eine **entspannte Atmosphäre.** Ohne Stress denkt es sich leichter und erfolgreicher.

7. Geben Sie den Erfahrenen, **den Älteren eine Chance** zur Mitwirkung. Sie kennen die Muster.

8. **Sparen Sie Zeit, fangen Sie schnell an,** probieren Sie aus, korrigieren Sie. Perfektionieren und optimieren können Sie später.

15 Die einfache Sprache

„Was nicht zu verstehen ist,
kann nicht auf Verständnis hoffen."
Roman Herzog

Hören Sie dem folgenden Gespräch einmal zu:

Client Customer Officer trifft Supply Chain Manager auf dem Flur. Sie sprechen über ihre neuen Aktivitäten und deren Abbildung im Data Warehousing. Ihre Priorität ist es, den Efficient Consumer Response zu optimieren. Besonders kritisch sehen sie zur Zeit die Aktivitäten ihres Kollegen Category Manager, der sich neuerdings in das Customer Relationship Management seines Kollegen Client Customer Officer einmischt. Die beiden sind der Meinung, dass sie mehr Margen bei ihren Suppliern locker machen müssen, um dem Kollegen das Wasser abzugraben und damit aufzupassen, dass sie sich nicht plötzlich out of business wieder finden. Als strategische Abwehrmaßnahme wollen sie sich zunächst ein Call Center einrichten und damit eine Inhouse-Lösung als Innovation implementieren. Damit wird es möglich, die CRM-Applikationen auszubauen, um den Kunden besser aus dem Blickwinkel der traditionellen Verkaufs- und Marketingkanäle zu verstehen.

Der Nebelwerfer:
Customer Relationship Management

Über Kundenorientierung und das so genannte Customer Relationship Management wird so geredet als wäre das eine neue Erfindung, ein neuer Lösungsansatz für schwerwiegende Managementprobleme. Um so zu tun, als handele es sich hier um etwas Neues, wird von den Beratungsgurus zunächst das Umfeld vernebelt. Wie sonst könnte man sich erklären, dass Kundenorientierung plötzlich das Thema Nummer eins aller großen Unternehmen in Deutschland ist? Sie scheinen zu glauben, da gebe es etwas Neues. Dabei ist **Kundenorientierung so alt wie die Marktwirtschaft.** Nur macht es der eine besser als der andere.

Gerade zum Thema Kundenorientierung gibt es abenteuerliche Phantastereien. Ein Beispiel soll reichen:

„Ertragswertorientiertes Management der Kundenzufriedenheit ist notwendig wegen der Kräfte der Globalisierung und des technischen Fortschritts. Das Rationalisierungs- und Produktivitätsverbesserungspotential wird in der Kundenergebnisrechnung sichtbar. Das Kundenergebnis ist letztlich die Differenz zwischen Aufwendungen und Nettoerlösen aus dem Leistungsaustausch bei Berücksichtigung der kundenindividuellen Beziehungs- und Dialogprozesse und weist den gegenwärtigen Ertragswert der Kundenbeziehung aus. Das ertragswertorientierte Kundenzufriedenheits-Management fokussiert sich auf den bewerteten zukünftigen, das heißt potentiellen Ertragswert der Kundenbeziehung unter Berücksichtigung der zielgerichteten und systematischen Gestaltung des kundenspezifischen Beziehungs- und Dialogprozesses auf Basis des Ziel-Kundenzufriedenheitsgrades, der wiederum aus den Erkenntnissen der Kundenzufriedenheitsanalyse abgeleitet wird.“[56]

Wohltuend anders klingt dagegen das, was **Karl Albrecht im Jahre 1953** über sein Unternehmen sagte:

„Wenn ich über Preisgestaltung und Betriebsvereinfachung zu Ihnen rede, erzähle ich Ihnen meinen Betrieb, wie er abläuft, weil ich glaube, dass er einfach ist.

Wenn ich heute einen Rückblick auf unseren Betrieb mache, so stelle ich fest, dass wir zum Anfang unserer Entwicklung im Jahre 1948 und im Jahre 1949 zwangsläufig nur ein kleines Warensortiment führten. Wir hatten vor, weitere Filialen aufzumachen und mussten uns aus geldlichen Mitteln heraus sehr sparsam verhalten. Wir glaubten, späterhin unser Verkaufsprogramm zu erweitern. Wir wollten unsere Filialen dann wie ein normales Einzelhandelsgeschäft mit einem breiten Lebensmittelsortiment eindecken.

Das taten wir dann allerdings nicht, denn wir erkannten, dass wir auch mit unserem kleinen Warensortiment ein gutes Geschäft machen konnten und dass unsere Unkosten verglichen mit den anderen Betrieben sehr niedrig blieben und zum größten Teil auf unser kleines Warensortiment zurückzuführen waren.

Inzwischen haben wir diese Erkenntnis zum Grundsatz unseres Betriebes gemacht. Heute arbeiten wir mit einem Unkostensatz von 11 Prozent.

Seit 1950 verfolgen wir neben dem Grundsatz des kleinen Warenangebotes den des niedrigen Preises. Auch dazu waren wir wiederum gezwungen. Wollten wir dem

Kunden keine Auswahl bieten, so mussten wir ihm zumindest einen anderen Vorteil einräumen. Wir verkauften von der Zeit an unsere Ware entschieden billiger."

Fehlender Mut und Unsicherheit in seinen Überzeugungen verführt den Redner leicht zu einer komplizierten Vernebelungssprache: Customer Relationship, Clienting, Kundenfocussierung, Ertragswertorientiertes Kundenmanagement.

Was viele Menschen als Quatsch empfinden, ist meistens auch Quatsch!

Die Verenglischung der Sprache ist ein weiterer Baustein zur Vernebelung. In vielen Bereichen wie der Medizin, der Technik, der Luftfahrt sind die angelsächsischen Ausdrücke ein Muss. In der Umgangssprache in Betrieben aber nicht. Trotzdem spricht man da über „CRM – Customer Relationship Management", von „ECR – Efficient Consumer Response". Weil ECR nichts besonderes mehr ist, sondern schon langweilig wird, gibt es jetzt die verfeinerte Version „CPFR – Collaborative Planning, Forecasting and Replenishment".

Dagegen ist die Sprache der Mecklenburg-Vorpommerschen Amtsschimmel von bewundernswerter Schlichtheit[57]. Ein neues Landesgesetz in Mecklenburg-Vorpommern heißt: *„Rindfleischetikettierungsüberwachungsaufgabenübertragungsgesetz" (RkReÜAÜAG)*

Eine Staatssekretärskommission in Hamburg hat Leitlinien für die behördenübergreifende Kooperation bei der Bekämpfung der Jugendkriminalität erarbeitet. Die Kommission hat ein ganzes Jahr gebraucht, um Folgendes festzustellen:

„Die Polizei ist bestrebt, in Übereinstimmung mit den Zielen des Kinder- und Jugendschutzes Jugendgefährdungen möglichst auszuschließen und Jugendkriminalität durch Beeinflussung von Tatgelegenheiten und Tatgelegenheitsstrukturen zu minimieren. Kleinräumige Analysen sind als Prozess zu gestalten, in dessen Verlauf es regelmäßige Rückkopplungen zu den ursprünglichen Zielformulierungen und den eingeleiteten Maßnahmen gibt."

Die Hamburger „Polizei-Kommission" befasst sich jährlich mit Beschwerdefällen der Bürger gegen das Verhalten der Polizei. Im Originalton heißt es in einem 50 Seiten umfassenden Jahresbericht[58] zum Beispiel:

„In neun der 15 Fälle waren an den Konflikten zwischen Bürgerinnen und Bür-

gern und Polizeibeamtinnen und Polizeibeamten – als solche erkennbare – Ausländerinnen und Ausländer, darunter acht Schwarzafrikanerinnen und Schwarzafrikaner, beteiligt." So und nur so schafft man auch ohne Inhalt 50 Seiten.

Roland Berger Partner Andreas Bauer hat Sinn und Instrumente von Sonderaktionen untersucht[59]:

Andreas Bauer will die Wirksamkeit von Aktionen feststellen. Das von ihm benutzte Instrument nennt er „Promotion Effectiveness Tool". Die Berater von Roland Berger fordern die Unternehmer auf, die Erkenntnisse darüber, ob Promotions entweder Traffic, Profit oder Umsatz bringen, marketingstrategisch zu fundieren. Dafür muss vorher das Artikelprofil zwischen Key Accounter und Einkäufer übereinstimmend vereinbart werden. Die Berater versprechen bei Anwendung ihres Tools einen schnellen Payback aus konkreten Projekten. In dem Bericht wird hingewiesen auf ein schwedisches Projekt, in dem die Subkategorie Butter und Margarine untersucht wurde. Dabei wurden vier Produkte in Promotions um 13 bzw. 16 Prozent diskontiert, obwohl ihre Rolle als Profitbuilder in einem CM-Prozess bereits definiert war. In einem Fall zeigte sich dann ganz deutlich, dass Margarine-Promotions ziemlich unsinnig sind. Der Mehrabsatz einer Aktionswoche fehlt in der Folgewoche. Die Schlussfolgerung der Berater: Margarine-Promotions können ersatzlos gestrichen werden.

Die Erkenntnis aus der schwedischen Margarine-Aktion mit Hilfe des Roland-Berger-Tools muss für jeden Kaufmann eines Lebensmittelladens sensationell klingen. **Ohne irgendein Berger-Tool hätte das jeder Lehrling im zweiten Lehrjahr gewusst.** Abgesehen, dass die Schlussfolgerung sowieso nicht vollständig ist. Ein möglicher Mehrumsatz zu Lasten von Mitbewerbern wurde nicht erörtert. Das konnte der Anwender des Tools vielleicht nicht erkennen, weil ihm die Lehrjahre im Lebensmittelhandel fehlen und *„nur das akademische Studium es ihm ermöglichte, so richtig dumm daherreden zu können"* (Manfred Rommel, früherer Stuttgarter Oberbürgermeister).

Schopenhauer kommentiert die Roland-Berger-Truppe so:

„Viele Worte, die gemacht werden, um einfache Gedanken mitzuteilen, sind ein untrügliches Zeichen der Mittelmäßigkeit."

Sprache macht verdächtig. Kurz vor seiner Ablösung als Vorstandsvorsitzender der Spar AG, die in den Jahren 1999 und 2000 jeweils um die 150 bis 200 Millionen Euro Verlust machte, sagte Arwed Fischer in einem Interview mit der Lebensmittel-Zeitung: *„Ich halte aber nach wie vor an meinem Ziel fest, die Verluste zu halbieren."* Die Halbherzigkeit wird nicht nur deutlich durch die Halbierung. Auch ein solches Ziel ist völlig unsinnig. Man kann keine „Verluste halbieren". Man kann nur Maßnahmen ergreifen, die Einnahmen erhöhen und / oder Kosten verringern. Was dann dabei heraus kommt, kann man nicht wissen und nicht planen. Aber hier wird die Sprache vergewaltigt und mit gestelzten Worten wird versucht, das Unvermögen zu kaschieren.

Warum nicht ehrlich und offen reden – wenn überhaupt? Warum von einer „Abschwächung der Zuwachstendenzen" sprechen, wenn man mit der Besucherzahl auf der Hannover-Messe nicht ganz zufrieden ist. **Warum nicht Klartext sprechen?**

So managen Sie einfach:

1. Wählen Sie eine *Sprache, die normale Menschen verstehen.* Wenn wir unseren Kindern etwas erklären, wählen wir auch keine gestelzte Sprache, die mit Fremdwörtern angefüllt ist.

2. Achten Sie auch in sprachlichen Mitteilungen auf *Sinn und Ziel.* Reden Sie nicht nur, um etwas von sich zu geben.

3. Beachten Sie die Ratschläge von Kurt Tucholsky für einen guten Redner: Hauptsätze, Hauptsätze, Hauptsätze. Versuchen Sie keine Effekte zu erzielen, die nicht in Ihrem Wesen liegen.
   Und merke: *„Wat jestrichen is, kann nich durchfalln."*

16 Schnell sein durch „Versuch und Irrtum"

„Kontinuierliche Verbesserungen sind besser als hinausgezögerte Vervollkommnung."
Mark Twain

„Wir haben keine Zeit mehr. Die Gesellschafter und die Börse erwarten von uns, dass wir die Ergebnisse bis zum Jahresende drastisch verbessern. Die Ziele des 5-Jahres-Plans müssen eingehalten werden. Unsere Maßnahmen müssen in diesem Jahr greifen."

Unter diesem Druck stehen viele Unternehmensleitungen. Sie meinen, sich die Zeit nicht mehr nehmen zu können, um etwa noch Versuche zu machen und die Ergebnisse abzuwarten. Das ist die typische Stress-Situation, also die Angst vor Misserfolg. Trotzdem: Die Methode „Versuch und Irrtum" gibt die Möglichkeit, aus kleinen Versuchen schnell zu lernen. Auf alle zeitraubenden bürokratischen Genehmigungsverfahren, weitere Analysen und Gutachten kann verzichtet werden. Handeln sofort ist möglich.

Ein mittelständisches Unternehmen hatte die neue strategische Zielsetzung, einen Geschäftszweig langsam aufzugeben. Um die Ertragssituation in diesem Zweig kurzfristig doch noch zu verbessern, machte man bei wenigen Kunden den Versuch, testweise die Preise zu erhöhen. Vordem hielt man das wegen der Wettbewerbssituation für völlig ausgeschlossen. Jetzt riskierte man es, man wurde mutig. Man wollte sehen, was passiert. Das Ergebnis: es funktionierte problemlos, zunächst bei den Testkunden, dann bei fast allen.

Trial und Error ist der sicherste und schnellste Weg zum Erfolg.

Bei der Methode Versuch und Irrtum ist wichtig: Fehler dürfen sein, sie sind wegen des (kleinen) Versuchs kein Problem. Gefährdungen des gesamten Unternehmens oder wichtiger Teile werden vermieden. Irrtümer sind ein Durchgangsstadium zur Erkenntnis. Spielen ist eine wichtige Methode zur Vorbereitung auf den Ernstfall. Versuch und Irrtum ist ganz einfach **ein einfaches Entdeckungsverfahren.**

Der Clou von Versuch und Irrtum ist: sofort anfangen und später optimieren.

So managen Sie einfach:

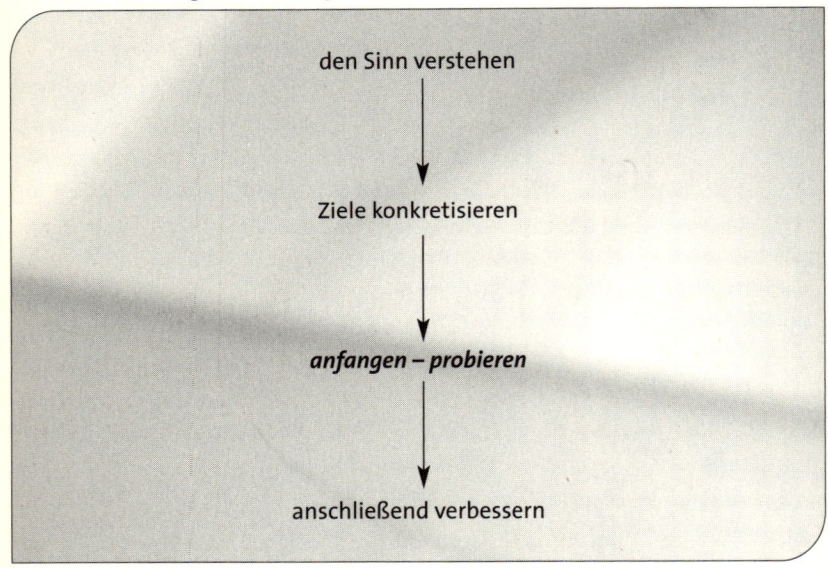

den Sinn verstehen

↓

Ziele konkretisieren

↓

anfangen – probieren

↓

anschließend verbessern

17 Durch Verzicht zum Wesentlichen

„Verzicht nimmt nicht. Der Verzicht gibt.
Er gibt die unerschöpfliche Kraft des Einfachen."

Martin Heidegger

Als Geschäftsführer eines größeren Lebensmittel-Filialunternehmens erhielt ich die Einladung des bedeutendsten Getränkefabrikanten der Welt für drei Wochen zu den Olympischen Spielen nach Atlanta, USA. Flug, First-Class-Unterkunft, beste Plätze als Besucher, alles inklusive und frei. Ohne „Verpflichtung". Was erwartet man? Freundliches Entgegenkommen in der Zukunft? Von manchen vielleicht auch ein bisschen mehr?

Ich lehnte dankend ab. Das war Verzicht. Hat er mir etwas gegeben im Sinne von Heidegger? Ja! Unabhängigkeit und inneren Stolz über eine gradlinige professionelle Haltung. Außerdem eine offene Botschaft an den freundlichen Einladenden, dass er auf korrekte Professionalität rechnen kann, die mit Preisen und Qualitäten zu tun hat, mehr aber auch nicht. Der Verzicht gibt.

Worauf kann man alles verzichten? Auf lieb gewordene Gewohnheiten und Annehmlichkeiten wie dem Fliegen mit der Business Class. Auf verschiedenste Absicherungen durch Analysen und Gutachten kann verzichtet werden, auf manche Option mit dem Versuch unendlicher Optimierungen und Perfektionen. Verzichtet werden kann auf Umsatzerhöhung, Fusion und Diversifikation. **Man muss ja nicht alles machen, was man machen könnte.** Das Problem ist der Traum, alles Mögliche auch verwirklichen zu wollen. Das wird dann auch Wachstum und Fortschritt genannt. Stärke hat nichts zu tun mit Wachstum. Die Fusion von Daimler und Chrysler oder von Hewlett Packard und Compaq macht keinen von beiden stärker.

Die Firma Grohmann Engineering meldet keine Patente an[40]. *„Dafür haben wir keine Leute, und wir hassen die Bürokratie. Ohnehin ist die Innovationsgeschwindigkeit in unserer Branche im Vergleich zur Dauer eines Patentverfahrens viel zu hoch."* Man verzichtet.

Dirk Ahlers, Frosta AG, eines der führenden Tiefkühlkostunternehmen aus Bremerhaven, handelt wie Aldi. Er produziert 20 so genannte Komplett-gerichte (Fertiggerichte mit allem, was dazu gehört). Für jedes neue Gericht wird ein altes aus dem Sortiment genommen. Er verzichtet auf eine Maximie-rung des Umsatzes und begrenzt damit Komplexität und Kosten. Das sind die Erfolgsgeheimnisse.

Aldi als der Prototyp der Einfachheit ist ein Meister des Verzichts. Das zeigt die folgende Verzichtsliste:

Aldi verzichtet auf:

▸ jede Art von Stabsstellen
▸ auf Controlling- und Marketingabteilungen
▸ Marktforschungen
▸ Jahresplanung und Budgets
▸ Synergien durch Fusionen
▸ öffentliche Auftritte
▸ Geschenke und Einladungen von Lieferanten
▸ auf Verschwendungen und „Luxus"

Große Auswahl ist nicht immer richtig: Weniger ist mehr

Die Zeitschrift „Psychologie heute"[60] berichtet von einem Feldexperi-ment amerikanischer Forscher: In einem Supermarkt wurden einmal 24 Sor-ten Konfitüren angeboten und ein anderes Mal nur 6 Sorten. Das waren die Kundenreaktionen (1000 Kunden insgesamt):

	24 Sorten	6 Sorten
Kunden, die interessiert stehen blieben	60 %	40 %
von den interessierten Kunden kauften	3 %	30 %
Anzahl der kaufenden Kunden also	18 %	120 %

In einem weiteren Experiment konnten Testpersonen zwischen 30 Schokola-denmarken auswählen. Die Auswahl machte zunächst Spaß, anschließend aber waren die Testpersonen frustrierter als andere Personen mit kleinerer Auswahl. Sie bereuten ihre Wahl teilweise. Die Forscher erklären die Unzufriedenheit so: Wer mit einem Überangebot konfrontiert wird, fühlt sich besonders verantwortlich für die getroffene Wahl. Er zweifelt, ob es nicht eine noch bessere Option gegeben hätte. Das führt zu einem Gefühl der Überforderung, zu Stress und Frustration.

Lieferanten und Anbieter könnten eine Vorauswahl für ihre Kunden leisten. Sie wählen das Beste für ihn. Sie machen ihm seine Wahl so einfach und sicher wie möglich. Das ist ein besonderer Service, eine besondere Leistung, die von Marketing-Experten bisher so kaum registriert wurde. Die vorherrschende Meinung ist: großes Angebot = besondere Leistung.

Auch dieses ist eine Erklärung für den lang andauernden Erfolg von ALDI. Der Zukunftsforscher Matthias Horx stellte schon 1994 fest: *„Der Konsument will von zuviel Neuem entlastet werden. Er will die angebotenen Waren einfacher, dauerhafter, billiger, schlichter und ökologisch."* Und:

„Genießen kann nur, wer ab und zu auch verzichtet."

Auch für Unternehmer in anderen Branchen kann es eine wichtige Aufgabe sein, ihre Kunden bei der Qual der Wahl zu entlasten. Sie sollten als **Treuhänder ihrer Kunden** wirken. Die Kunden wissen: mein Lieferant wählt das für mich beste Produkt aus. Ich kann mich auf ihn verlassen. Das wäre praktische, konkrete Kundenorientierung

So managen Sie einfach:

1. Jedes Unternehmen sollte in bestimmter Hinsicht ein Discounter sein. Ein Discounter ist ein Weglasser oder Verzichter. *Porsche ist ein Discounter.* Porsche verzichtet auf viele Möglichkeiten, konzentriert sich und wird dadurch exzellent.

2. Verzichten Sie auf viele Optionen. Das gibt Zeit und Muße für Wesentliches, für Beziehungen. Unsere menschlichen Kapazitäten sind begrenzt, vor allem die Zeit setzt Grenzen. Wählen Sie bewusst, statt sich treiben zu lassen. *In der Selbstbeschränkung liegt Weisheit.*

Teil 5

Konkrete Anleitungen für die Praxis

Das Handwerkszeug

„Nicht glückliche oder unglückliche Umstände,
sondern allein die Methoden der Unternehmensführung
entscheiden über Erfolg oder Misserfolg."
Konosuke Matsushita

18 Führungsgrundsatz „Klarheit"

„Führung ist ganz einfach: man muss sagen, was man will."
Helmut Maucher

Über Führungsfragen gibt es eine unübersehbar umfangreiche Literatur. Bekannte und sehr sinnvolle und erfolgreiche Konzepte werden beschrieben und praktiziert. Führung ist sehr abhängig von den Personen, die führen und geführt werden. Die Persönlichkeit des Individuums ist ein tragender Pfeiler effektiver Führung. Führung ist abhängig von Situationen und Umfeld. Zu Recht wird auch gesagt, dass es keinen empfehlenswerten Führungsstil gibt.

Hermann Simon[40] berichtet, dass die Leiter der Champions von einer ungeheuren Energie und Kraft „besessen" seien, die ihre Unternehmen vorantreibt. Sie führen eine „Mission" aus, sie sind mutig, aber keine Spieler. Sie sind keine bequemen Arbeitgeber. Ihr Führungsstil ist sehr ambivalent: Autoritär, wenn es um Grundwerte, Ziele, Kernkompetenzen geht, partizipativ und Freiräume lassend dagegen, wenn es um Abläufe und Umsetzungen geht.

Führung sollte die Entwicklung der modernen Welt berücksichtigen:
- zunehmende Komplexität intern und extern
- zunehmendes und sich differenzierendes Spezialistenwissen
- zunehmende Verflechtung / Globalisierung der Märkte
- zunehmende Geschwindigkeit von Änderungen auf den Märkten

▸ zunehmender Drang nach Entscheidungsfreiheit und Entwicklungsmöglichkeiten

Der einzelne Manager, das Vorstandsmitglied, der Vorsitzende der Geschäftsleitung ist immer weniger in der Lage, alles zu übersehen. Er wird immer mehr ein immer kleineres Rad im Getriebe. Zu seiner wichtigsten Aufgabe wird es, **den Rahmen zu gestalten**. in dem sein Unternehmen und seine Mitarbeiter agieren und sich entwickeln können. Autonomie ist ein Schlüssel zu diesem Rahmen.

So managen Sie einfach:

1. Unternehmensführer und Menschen, die andere Menschen führen wollen, müssen bestimmte *Charakterstärken* aufweisen. Das sind vor allem: Glaubwürdigkeit, Ehrlichkeit, Berechenbarkeit, Authentizität und Leidenschaft für ihre Aufgaben. Ihr Menschenbild sollte ihnen sagen, dass ihre Mitarbeiter und Kollegen im Prinzip fähige, vertrauenswürdige und gutwillige Menschen sind.

2. Führung erfolgt mit *maximaler Autonomie und Vertrauen.*

3. Führung erfolgt mit *Orientierung am Wesentlichen* – das ist vor allem der Kunde, aber auch der Mitarbeiter und der Lieferant .

4. Führung hat *Interesse für die Details.*

5. Führung zeigt eine *konsequente und vorbildliche Haltung.* Nichts ist schließlich wirkungsvoller als das Beispiel. Der Vorgesetzte selbst muss so arbeiten und sich verhalten wie er es von seinen Mitarbeitern erwartet.

6. Hin und wieder sollten *alte Regeln überprüft und mutig gestrichen* werden. Führen Sie neue Regeln nur sehr behutsam nach mehrmaliger *„Warum"-Frage* ein.

7. Für das Unternehmen ist ein mutiger, erfolgreicher Manager, der nicht alle Regeln einhält, besser als ein weniger erfolgreicher, der alle Regeln genau befolgt. Voraussetzung ist dabei Ehrlichkeit. Ein Ratschlag: *Gehen Sie jeden Morgen in Ihr Büro mit der Bereitschaft, sich feuern zu lassen.*

19 Die Organisationsgrundsätze der Einfachheit: Delegation und Dezentralisation

Mit Mitteln der Organisation werden die Grundsätze der Führung umgesetzt in die betriebliche Praxis. Die **Organisation ist der konkrete Rahmen für die Ermöglichung des Möglichen.** Wenn die Führungsfähigkeiten der einzelnen Manager auch nicht immer einen wünschenswerten Grad erreichen, so kann die Organisation manches Manko ausgleichen. Organisation gibt Struktur und Hierarchie vor und dazu die Anwendung von Regeln und Vorschriften. Auch hier gilt: *Weniger ist mehr.* Das heißt: wenige, aber klare Regeln, auf deren Einhaltung strikt geachtet wird. Gute Organisation kann ein Unternehmen absichern gegen Führungsfehler. Man kann die Organisation auch anpassen an die Menschen, etwa an besonders gute Führungskräfte. Ihnen kann man eine größere Autonomie mit größerer Verantwortung übertragen. Schwächere Mitarbeiter können dort eingesetzt werden, wo sie erfolgreich sein können. So sieht die Organisationsaufgabe des Managements aus. Das ist besser als immer an den Defiziten in Seminaren zu laborieren oder vermeintlich unfähige Mitarbeiter leichtfertig zu entlassen. **Das Problem sind nicht unfähige Mitarbeiter, sondern nicht passende Organisationen.**

Die Grafik auf Seite 145 zeigt deutlich: Die Ressourcen (Hardware und Software) des Unternehmens sind Grundlage und Ausgangspunkt für den Erfolg. Sie werden kombiniert durch die Organisation und die Führungsfähigkeiten des Unternehmens und fließen wie durch einen **Flaschenhals**. Organisation und Führungsfähigkeiten können den Flaschenhals weit oder eng gestalten und damit den Durchfluss verringern oder erhöhen. Entsprechend verändern sich die Ergebnisse. Schwache Ressourcen können bei guter Führung und Organisation trotzdem zu guten Ergebnissen führen. Umgekehrt können große Ressourcen durch schlechte Führung und Organisation beengt werden und nur zu geringen Erfolgen führen. Schwache Führung kann durch gute Organisation kompensiert werden. Umgekehrt kann allerdings auch eine gute Führung die Mängel einer schlechten Organisation aus-

Führung und Organisation bestimmen den Erfolg

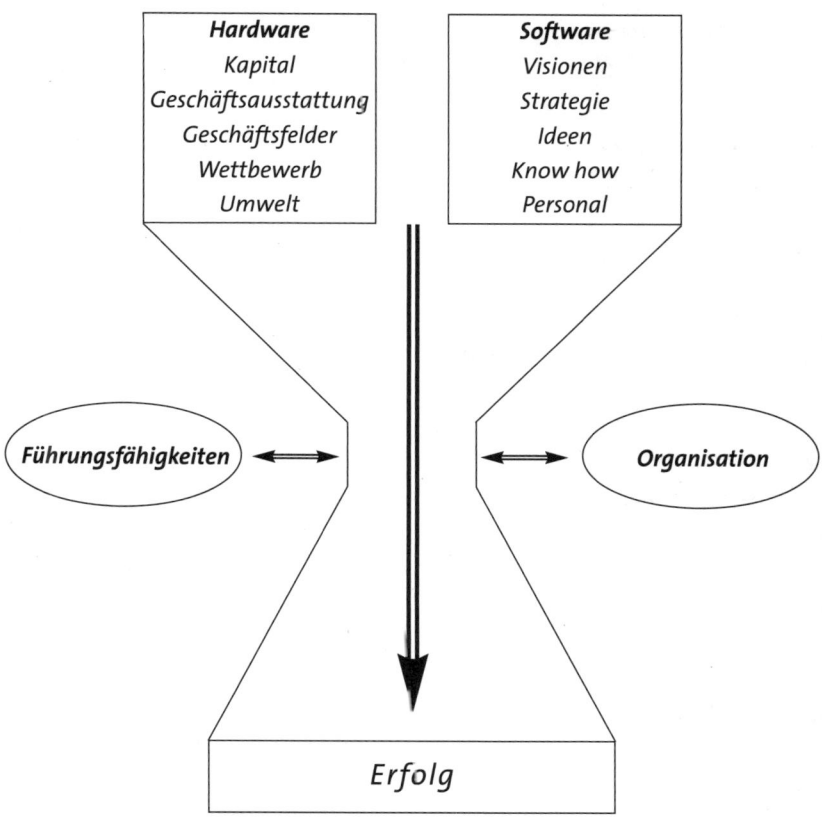

gleichen. Gute Organisation und Führung können insbesondere die Software des Unternehmens verbessern. Häufig anzutreffen sind jedoch Mängel in der Führung. Tröstlich und hilfreich zu wissen, dass man diese Mängel durch eine kluge – auch personenbezogene – Organisation ausgleichen kann. Die Organisation kann es schaffen.

Die Forderung nach Autonomie wird umgesetzt in Form von Dezentralisation und Delegation.

So managen Sie einfach:

1. **Legen Sie Wert auf soviel Dezentralisation wie irgend möglich,** weil Einfachheit ein Höchstmaß an Freiheit braucht.
2. **Dezentralisation braucht Gemeinsamkeiten.** Das Wesentliche muss allen klar sein: das gemeinsame Verständnis von den Zielen und die wichtigsten für alle verbindlichen Regeln.
3. Delegieren Sie nur an trainierte und fähige Mitarbeiter; aber mit **Mut zum Risiko,** auch einmal eine falsche Entscheidung zu treffen.
4. Das wenige Interpretierbare darf getrost den verantwortungsbewussten Mitarbeitern überlassen werden, die sich leiten lassen von einer **gemeinsamen Unternehmenskultur** mit gemeinsamen Zielen und Regeln.
5. **Kontrollieren** und **trainieren** Sie Regeln auf ihre Einhaltung.
6. Eine **einfache Regel für die praktische Ordnung:** Sämtliche Entscheidungsbefugnisse, die nicht ausdrücklich den Vorgesetzten oder höheren Managementebenen vorbehalten sind, gelten automatisch als Kompetenzen der unteren Ränge. Rückdelegation ist ausgeschlossen.
7. Ein solches System scheitert selten an der fachlichen Befähigung der Menschen als vielmehr am konsequenten Willen aller Beteiligten. **Halbherzigkeit ist der Anfang vom Ende von Autonomie.**

20 *Kontrolle auf der Grundlage von Vertrauen*

Voraussetzung für eine zweckmäßige und sinnvolle Kontrolle ist, dass das Unternehmen oder der Unternehmensbereich über definierte Ziele, Regeln und Verfahren verfügt. Wichtig ist dann, Wesentliches und Kritisches zu bestimmen, das untersucht werden sollte.

Mitarbeiter mit Verantwortung müssen daraufhin kontrolliert werden, ob sie ihre Aufgabe und Entscheidungsbefugnisse mit der notwendigen Verantwortung wahrnehmen. Die *Verantwortung* kann unterschieden werden in die **Führungsverantwortung**, die eine Person gegenüber ihren Mitarbeitern hat und die **Handlungsverantwortung**, für eigene Fachaufgaben. Aufgabe des Vorgesetzten im Rahmen der Delegation ist es, sich zu überzeugen, dass sein Mitarbeiter die fachlichen Aufgaben gut erfüllt und zu prüfen, ob er seine Führungsaufgabe als Vorgesetzter wahrnimmt.

Besonders die **Führungsaufgaben** machen vielen Managern in vielen Unternehmen Probleme. Die Führungsaufgabe besteht darin,

▸ sich mit dem Mitarbeiter über Ziele einig zu werden,

▸ seine Ausbildung und Entwicklung so zu fördern, dass er in die Lage ist, seine Aufgaben zu erfüllen und

▸ den Mitarbeiter zu kontrollieren, ob und wie dieser seine Aufgaben ausführt und seiner Verantwortung gerecht wird.

Die sinnvolle Kontrollmethode ist die **Stichprobenkontrolle**. Sie ist die zeitsparende Kontrolle der Einfachheit. Stichprobenkontrollen sind viel wirkungsvoller und billiger als permanente Kontrollsysteme und Routineprüfungen. Hier stimmt das Verhältnis von Aufwand und Ertrag.

Neben einer durchaus zweckmäßigen jährlichen Erfolgskontrolle über den Stand und die Ergebnisse eines Delegationsbereiches ist die regelmäßige (etwa monatliche) Kontrolle das eigentlich wichtige Mittel. Dann kann es bei den jährlichen Erfolgskontrollen nicht mehr so leicht zu Überraschungen kommen. Erfolgskontrolle ist langfristig angelegt, da kann es schon mal passieren, dass sie nur noch Leichenschau ist. Wenn alle Unternehmen das Kontrollprinzip angemessen anwendeten, dann würde es nicht so leicht zu solchen Katastrophen kommen, wie man sie erlebt hat mit der Pleite der Barings Bank in London wegen der Fehlspekulationen eines leitenden Angestellten in Singapur, mit dem Bremer Vulkan oder mit der Berliner Bankgesellschaft.

Jegliche Kontrolle erscheint sinnlos, wenn nicht eine **Basis des Vertrauens** vorhanden ist. Mit voller Verantwortung, wohlüberlegt und mit aller Konsequenz muss der Mitarbeiter für eine bestimmte Position ausgewählt und dann dort mit den dazugehörigen Kompetenzen eingesetzt werden. Keine Zweifel sollten bestehen, ob er die Position wird ausfüllen können. Wäre das der Fall, so sollte man ihm diese Stelle nicht geben. Der Mitarbeiter wird in der Regel nur dann gute Leistungen erbringen, wenn er spürt und weiß, dass er das Vertrauen seiner Vorgesetzten genießt.

Kontrolle aber bedeutet dann auch, festzustellen, wie gut der Mitarbeiter ist, nicht vornehmlich, welche Fehler er macht. Diese Kontrolle fördert Zusammenarbeit. Sie zeigt dem Mitarbeiter auch, was der Vorgesetzte und das Unternehmen als wichtig ansehen. Kontrolle heißt auch, dass jemand Interesse zeigt für die Leistung des Mitarbeiters, aber auch, dass jemand aufpasst. Kontrolle schützt Substanz, Entwicklung und Bestand des Unternehmens und fördert die Mitarbeiter.

Aus den Kontrollgesprächen zwischen Vorgesetztem und Mitarbeiter können sich nützliche Erkenntnisse auf beiden Seiten für die Führung des gesamten Unternehmens ergeben. Eine solche Prüfung sollte sozusagen in einem freundschaftlichen Verhältnis stattfinden, nicht in einer Geheimaktion. Dabei muss den Prüfenden selbstverständlich sein, dass es Fehlerfreiheit nicht geben kann und dass neue Erkenntnisse oft auch nur aus Fehlern abgeleitet werden.

So managen Sie einfach:

1. Als Mitarbeiter: *Lassen Sie sich kontrollieren.* Bitten Sie darum.
   Als Vorgesetzter: *Beweisen Sie Ihrem Mitarbeiter durch Taten* und Beispiele, wie nützlich die Kontrolle für ihn, für Sie und für das Unternehmen ist.

2. Klare *handlungsorientierte Unternehmensziele* müssen vorhanden sein.

3. *Klarheit in Aufgaben,* Kompetenzen und Verantwortung ist notwendig.

4. Beachten Sie bei der *Auswahl der Kontrollpunkte:* Was ist wichtig, was ist für Entwicklung und Strategie vorrangig, wo sind kritische Bereiche mit Risiken und Chancen, was ist wichtig für die innere Ordnung des Unternehmens?

5. Behandeln Sie Kontrolle als *Dialog und Forschungsvorhaben* nach besseren Lösungen. Erforschen Sie auch, welche Gedanken und Handlungen hinter Argumenten und Handlungen stehen. Nutzen Sie als Vorgesetzter und als Mitarbeiter die Gelegenheit, eine Sache aus unterschiedlichen Blickwinkeln zu betrachten und suchen Sie *neue Möglichkeiten.*

6. Voraussetzung und Begleiter für diese Art der Zusammenarbeit: ein *Höchstmaß an gegenseitigem Vertrauen.*

21 *Führen mit Zielvereinbarungen*

Die Arbeit mit Zielvereinbarungen oder Zieldiskussionen ist ein einfaches Mittel zur Unterstützung der Mitarbeiterautonomie. Wenn die Ziele und der Rahmen klar sind, in denen sich ein Unternehmen bewegen will, so kann der Rest getrost der dezentralen und delegierten Entscheidungsbefugnis überlassen werden. Die Vorgesetzten interessieren sich nur noch im Laufe einer Periode ab und zu für den Entwicklungsstand des Zielbereichs oder sie kontrollieren bestimmte Details im Rahmen ihrer Stichprobenkontrollen. Der **Clou der Zielvereinbarung ist, Freiraum für Mitarbeiter zu schaffen.** Gute Leute sehen hier ihre Chancen zur Selbstentfaltung. Zielvereinbarungen haben auch den Zweck, eine Verabredung zu treffen, nach der sich die beiden Partner – Vorgesetzter und Mitarbeiter – auf Weniges und Wesentliches konzentrieren. Bei einer guten Besprechung der beiden Partner über das anzusteuernde Ziel werden sie sich auch austauschen über die dem Ziel übergeordneten Unternehmensstrategien, über die Einordnung des Ziels in die Unternehmensorganisation, über Zielkonflikte, Prioritäten, über Nebenbedingungen, über zur Verfügung zu stellende Mittel und über einen Zeitrahmen. Dabei kommt es nur auf diese zwei Personen an, nicht auf das Zielsystem eines ganzen Unternehmens, bei dem Einzelziele auf Zielhierarchien bürokratisch herunter gebrochen werden. Das wäre komplex und völlig überflüssig. Gute Unternehmen leben von einem engen Verhältnis zwischen Vorgesetzten und deren Mitarbeitern. Wo große Distanzen zwischen ihnen bestehen, sind Probleme vorprogrammiert

Während der Arbeit des Mitarbeiters an den Zielen kann sich der Vorgesetzte grundsätzlich aus dem Thema heraushalten. Der Mitarbeiter hat seine Freiheit, der Vorgesetzte gewinnt Zeit für andere Aufgaben. Und am Zieleinlauf kann festgestellt werden, was der Mitarbeiter wirklich selbst erreicht hat, was er kann. Seine Qualitäten werden viel deutlicher, als wenn immer wieder Dialoge zwischen Vorgesetztem und Mitarbeiter stattfinden. Dann würde die Frage auftreten, wer war denn nun eigentlich erfolgreich?

Wichtig ist immer nur die geleistete Arbeit, das Ergebnis. Nicht der Arbeitseinsatz, die verbrauchte Zeit oder Mühe. Am Ende einer Arbeitsperiode, selbst eines Tages, sollte man sich nicht fragen, was und wie viel man gearbeitet hat, sondern was dabei herausgekommen ist. Die **Effektivität steht im Vorder-grund, nicht der Schweiß**. Ergebnisorientierung führt zur Effektivität.

So managen Sie einfach:

1. Für jede Zielvereinbarung muss klar sein, *woran man sich orientiert.* Vor-rang muss immer die strategische Ausrichtung des Unternehmens haben.

2. Ziele können *das tägliche Geschäft* betreffen. Sie können aber auch her-ausragende Anforderungen stellen und hohe Qualitäten für die *Unter-nehmensentwicklung* einnehmen.

3. Zielerreichung erfolgt immer in Etappen, in Schritten. Zur eigenen Moti-vation ist es sinnvoll, sich *von Etappe zu Etappe voranzutasten.* Erfolge motivieren. Daher ist es sinnvoll, auch schon in den Zielvereinbarungen an Zwischenergebnisse zu denken.

4. Eine Abstimmung über Ziele sollte auch mögliche *Zielkonflikte oder Widersprüche* beachten. Auch bisher nicht deutlich gewordene Unklar-heiten hinsichtlich der Zielformulierung können sichtbar werden.

5. Verbinden Sie mit der Zielerreichung auch eine *Zeitvorstellung.*

6. Wenn möglich, sollten *Konkretisierungen auch in quantifizierter Form* erfolgen, für die Ziele wie für Nebenbedingungen.

7. Nach Erreichen der Ziele ist ehrliche Anerkennung und Freude über das Erreichte angebracht, nicht Lobhudelei. Das sollte nicht geschehen in einem Verhältnis von *Gutachter oder Richter* gegenüber dem zu Beur-teilenden, sondern im Verhältnis von *gemeinsamer Bemühung* um gute Ergebnisse im Unternehmen.

8. Werden Ziele nicht erreicht oder teilweise verfehlt, so kann das durchaus als „normal" angesehen werden. Es gibt keine Selbstverständlichkeiten oder mathematische Gewissheiten bei unternehmerischen Aktivitäten. *Fehler und Misserfolge* dürfen sein. Es kommt darauf an, weshalb sie vor-kommen, was auf dem Weg zum Ziel hätte anders laufen können.

9. Zielvereinbarungen bewirken, dass sich die Teilnehmer auf das Wesent-liche konzentrieren. Der Vorgesetzte teilt seinem Mitarbeiter dabei mit, was er für wesentlich hält. Darüber können sie sich austauschen und *Klärungen herbeiführen.*

22 *Planung und Budgeting*

Um den Leistungswillen der Mitarbeiter zu aktivieren und Fehlverhalten zu vermeiden sollte man das **jährliche Budgetritual über Bord werfen**. Budgets sind die Krönung der unternehmerischen Bürokratie. Mit der Methode Versuch und Irrtum könnten die Unentschlossenen für einen Bereich einmal auf das jährliche Budget verzichten und stattdessen Vergleichsmaßstäbe (Vormonat, Vorjahr, die Entwicklung anderer Bereiche) heranziehen. Sie können dann beobachten, was passiert.

Aus internen Leistungsvergleichen kann ein Wettbewerb entstehen, der die Maßstäbe setzt und so auch jede Controllingabteilung oder sonstige Sollwerte-Ermittlungen sowie Budgets und Planungsvorgaben überflüssig macht. Bei Ist-Zahlen-Vergleichen werden Tatsachen mit Tatsachen verglichen und nicht Wunschzahlen und Prognosen auf der einen Seite mit Echtzahlen auf der anderen Seite. Das sind viel härtere Maßstäbe als alle Budgets. Es ist sinnvoller, wenige Zahlen sorgfältig zu betrachten und zu hinterfragen, als Zahlenmassen vom Computer in alle denkbaren Beziehungen zu bringen. Maschinell erstellte Zahlenfriedhöfe sind zur Unternehmensführung nicht geeignet. Sie lenken ab von der Konzentration auf das Wesentliche.

Menschen mögen Leistung, weil sie ihren Tätigkeiten Sinn verleiht, zumal wenn sie mit Erfolgen verbunden sind. Wenn ein Unternehmen diesen Sinn vermitteln kann, die Leistungen feststellt und anerkennt, dann ist damit ein echtes kulturelles Element geschaffen. Schließlich finden diese Leistungen ihren Niederschlag in einer hohen Wettbewerbsfähigkeit und in einer hohen Akzeptanz am Markt und bei den Kunden. Das macht Sinn, das kann stolz machen auf die eigene Leistung.

Am Ende eines meiner Seminare zum Thema *„Was kann ich von Aldi lernen?"* fragte ich die Teilnehmer: *„Was nehmen Sie heute mit? Was packen Sie morgen an?"* Antwort eines Teilnehmers: *Ich schaffe unser Budget ab."* Meine Frage an ihn: *„Welche Macht haben Sie dazu?"* Er: *„Ich bin der Inhaber."* Er hatte keine Angst. Er hatte verstanden. Hätte sein Geschäftsführer eben so gehandelt?

So managen Sie einfach:

1. Planung im Sinne der Budgetierung ist **sinnvoll *für die Grobinformation von Banken, Aufsichts- und Beirat*** über die Erwartungen für das nächste Geschäftsjahr. Eine Grobplanung ist in der Regel ausreichend.

2. Planung ist sinnvoll für bestimmte Teilbereiche wie ***Finanzierung, Liquidität, Investition.***

3. Planung ist ***unzweckmäßig als Maßstab*** für die laufende Kontrolle und Bewertung der Unternehmensergebnisse und der Mitarbeiter und Abteilungen.

4. Der hohe Zeit- und Kostenaufwand für die Planung ist nicht zu rechtfertigen. Das ist ***Verschwendung.***

5. Die Maßnahmen eines ganzen Jahres können nicht in wenigen Wochen in allen Details voraus bedacht werden. Das ist tägliche Arbeit und ***nicht Aufgabe eines Kraftaktes im Herbst.***

6. Besser geeignet sind Zahlen der Vorperiode (Vorjahr und -monat) und Vergleichszahlen gleichartiger Abteilungen oder Betriebe. Dort werden ***Tatsachen mit Tatsachen verglichen,*** und nicht unklare und teils willkürliche Annahmen mit einer ohnehin nicht immer leicht zu verstehenden Ist-Lage.

7. ***Auf Planungsabteilungen und deren Kosten kann vollständig verzichtet werden.*** Die verantwortlichen Linienmanager können mit Unterstützung des Rechnungswesens die wesentlichen Analysen kompetenter als jeder andere erstellen und vor allem sofort handlungsorientierte Schlussfolgerungen ziehen.

Verzicht auf die Budgets. Vermeidung von Zeitverschwendung. Vereinfachung von Maßstäben zur Beurteilung der Geschäftsentwicklung. Das wäre ein wesentlicher Beitrag zur Vereinfachung der Unternehmensführung. Manchmal läuft es so schon in der Praxis. In einer Untersuchung der US-Berater „Answerthink/Hackedt Benchmarking & Research"[61] bei 30 führenden Großunternehmen wurde ermittelt, dass 75 Prozent der Vorstände auf die abrufbereiten Planungsdaten nicht zugreifen. Offensichtlich haben sie sich ihre eigenen Seismographen geschaffen, nach denen sie beurteilen, wo sie stehen. Die unübersichtlichen monatlichen 51 Seiten (im Durchschnitt) finden wenig Interesse. Allerdings haben möchten sie die Unterlagen schon ... so vorsichtshalber.

23 Steuerung- und Entscheidungsprozesse

> „Entscheidend für eine gute Organisation ist, dass sich jeder
> auf dasselbe Notenblatt konzentriert. Der Grund für den
> Misserfolg mancher Mischkonzerne ist: viele Orchester –
> die selbe Konzerthalle – aber sie spielen verschiedene Stücke."
>
> Peter Drucker

Controllingabteilung ersetzt keine Manager

Drucker sagt, worum es geht: das gleiche Stück vom gleichen Notenblatt spielen. Also: gemeinsame klare Ziele verfolgen.

Stattdessen werden verschiedene Szenarien gerechnet: Umsatz – Kosten – Ergebnis unter der Annahme A,B,C. Man rechnet mit alternativen Umsatzsteigerungen von 2,5 und 8 Prozent. Man nimmt eine Handelsspanne von 18,21, und 24 Prozent an. Alles nur, um zu sehen, wie es wäre, wenn … Das tatsächlich zu spielende Stück verliert man aus den Augen. Die Geschäftsleitung muss sagen, wie der Apparat arbeiten und entscheiden soll.

Eine Reihe japanischer Unternehmen und Aldi sind sich einig: Die Steuerung, also das Controlling, ist **Aufgabe eines jeden Managers für seinen Bereich**. Aldi hatte nie eine Controllingabteilung. Wenn jeder Manager sein eigener Controller ist, führt das zu einem **vertieften Kosten- und Leistungsbewusstsein**, das zentrale Steuerungs- und Kontrolleinrichtungen überflüssig macht. Viele Unternehmen wie auch Henkel (Persil) sehen das offenbar anders. Henkel sucht Mitarbeiter mit MBA und Promotion für das „Strategische Konzerncontrolling". Die Aufgabe im Einzelnen wird u.a. so beschrieben: *Strategische und operative Controllinganalysen für die obere Managementebenen des Konzerns, Beratung der operativen Geschäftseinheiten im strategischen Entwicklungsprozess, Erfolgsanalysen zu getätigten Projekten.*

Der *strategische Entwicklungsprozess* oder *die Erfolgsbeurteilung eines Projektes* müssen ureigenste Aufgaben der verantwortlichen Manager sein. Nicht vorstellbar, dass sie dazu nicht fähig wären und einen MBA brauchten. Sie müssten schnell das Wesentliche erkennen können. Mit überflüssigen Analysen würden sie wahrscheinlich keine Zeit verschwenden.

Das Desaster der **Bankgesellschaft Berlin**, das im Jahre 2001 bekannt wurde, fand die üblichen Erklärungen der Fachleute: *„Das Controlling hat versagt."* Das ist falsch. Die **Vorstände und dazu der Aufsichtsrat, und nur sie, haben versagt**, weil sie ihre Mitarbeiter und die Systeme und Regeln nicht kontrolliert haben. Sie haben sich auf ihre Controller verlassen, die dafür weder wichtig noch verantwortlich waren. Was man braucht: ein gutes Rechnungswesen mit gutem Berichtswesen, das wesentliche Daten speichert und diese nach Bedarf der Linienmanager zusammenfasst, gliedert und darstellt. Dabei ist besonders wichtig: Vergleiche und noch einmal Vergleiche, um Entwicklungen zu erkennen und zu deuten. **Das fähige Management braucht keine Controller als „Managementservice".**

Manager müssen bereit sein, die wichtigen Fragen zu stellen:

▸ Entsprechen die Unternehmensziele noch der Entwicklung des Unternehmensumfeldes?

▸ Entsprechen die Aktivitäten den Unternehmenszielen und den Strategien?

▸ Welche Frühwarnsignale gibt es und welche Informationen geben sie zu wesentlichen Teilentwicklungen des Unternehmens?

▸ Welche besonderen Aktivitäten gehen von einzelnen Abteilungen aus, um die Unternehmensziele nachhaltig zu beeinflussen?

▸ Wie entwickeln bzw. verändern sich die relativen Stärken und Schwächen des Unternehmens im Vergleich zu den Mitbewerbern?

▸ Wie entwickeln sich die Ressourcen des Unternehmens (Personal, Kapital, Know-how, Organisation)?

▸ Ist das Unternehmen kreativ?

▸ Welches Ansehen genießt das Unternehmen bei Kunden, Mitarbeitern, Öffentlichkeit?

Ausgangspunkt bei allen Entscheidungen muss immer die strategische Orientierung des Unternehmens sein. Um hier Orientierung im möglichen Nebel zu behalten wird die Vorgehensweise von Honda empfohlen. Das Modell des Berkely-Professors, Ikujiro Nonoka, in leicht abgewandelter Form[62]:

Die strategische Orientierung:

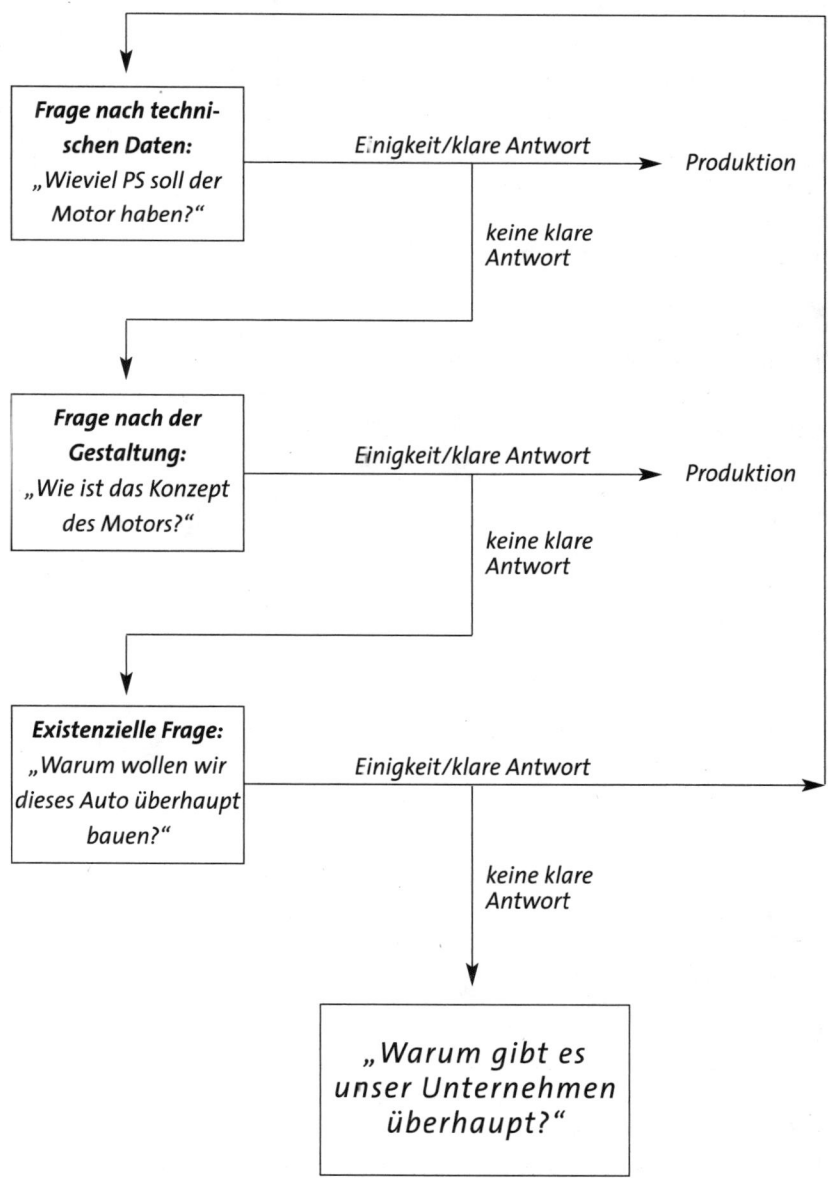

So managen Sie einfach:

1. Stellen Sie immer *zunächst die strategische Frage* nach Ziel, Prioritäten und dem Wesentlich. Machen Sie nicht sofort den Griff auf die Zahlenfriedhöfe in den Excel-Tabellen!

2. Stellen Sie die *„Warum-Frage"*:
   Warum zwei oder überhaupt Dezimalstellen?
   Warum ein Gutachten erstellen?
   Warum eine Mitarbeiterbefragung durchführen?
   Warum eine bunte Grafik zur Untermalung von Argumenten?

3. Beachten Sie die *80/20-Regel* (auch bekannt als ABC-Analyse oder Pareto-Regel).
   Danach machen

   20 Prozent der Kunden .... 80 Prozent des Umsatzes
   20 Prozent der Artikel .... 80 Prozent des Umsatzes
   20 Prozent der Kostenfaktoren .... 80 Prozent der Kosten
   20 Prozent der Produkte .... 80 Prozent der Reklamationen

4. Gehen Sie für alle Entscheidungen oder Probleme *in dieser Reihenfolge* vor:

   a. Nachdenken und Phantasie zum Thema entwickeln
   b. Hypothesen (noch nicht bewiesene Annahmen) bilden
   c. Diese Annahmen diskutieren und – wenn möglich – testen
   d. Zahlen, Daten – wenn vorhanden – für zusätzliche Erkenntnisse hinzunehmen

5. *Setzen Sie* vor dem Beginn eines Projektes *ein Limit* für den Aufwand an Zeit, Geld, Menschen.

6. Bedenken Sie, dass *Zeit und die Fähigkeit zur Aufmerksamkeit* die knappste Ressource ist. Deshalb ist *Schnelligkeit und Einfachheit* gefragt. Verzichten Sie zunächst auf die vielen weiteren Möglichkeiten der endlosen Verbesserungen. Das kann auch anschließend noch geschehen.

7. Perfektion ist *Illusion*.

8. Das Informationssystem und seine Ausprägung in Führungsunterlagen ist *Angelegenheit der Geschäftsleitung – auch im Detail.*

Risikomanagement ist modern. Das Aktiengesetz fordert bestimmte Vorsorgeprüfungen. Aber auch hier gibt es verschiedene Wege. Möge der Leser sich zunächst bemühen, den „Umfassenden Kreislauf des Risikomanagements als kontinuierlichen Prozess" zu verstehen und sich eine Vorstellung über Umsetzung und praktische Anwendung dieser Empfehlung machen.

Risikomanagement als kontinuierlicher Prozess

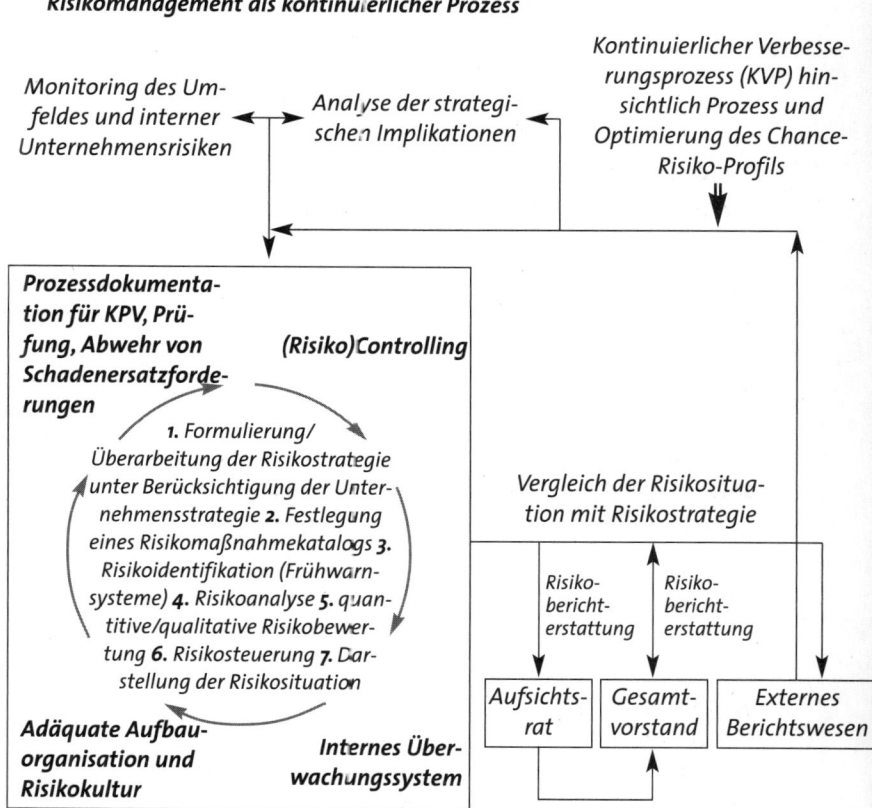

Quelle: WP Saarbrücken/Arthur Andersen,   LZ Grafik 25. 5. 2001

Nach den Prinzipien des Managements der Einfachheit könnte das Risikomanagement auch so aussehen:

Risikomanagement nach dem Prinzip der Einfachheit

Vorbedingung: Unternehmensziele und wichtige Strategien sind klar und handlungsorientiert beschrieben

Art der Kontrolle	Kontrollfragen
Prüfung der Unternehmensentwicklung	Entsprechen wesentliche Vorstandsentscheidungen den Zielen und Strategien?
Prüfung der Ordnung im Unternehmen	Hält der Vorstand die Vorschriften des Gesellschaftsvertrages, der Geschäftsordnung, seines eigenen Anstellungsvertrages und einschlägiger Gesetze ein?
Prüfung der Unternehmensergebnisse und geplanten Maßnahmen	Nimmt der Vorstand angemessene und ausreichende Aktivitäten wahr, um das operative Geschäft ständig zu verbessern?

Analog prüft der Vorstand seine ihm unmittelbar unterstellten leitenden Mitarbeiter. Die Abteilungsleiter prüfen bei ihren Mitarbeitern ebenso.

Jeder Prüfungsplan und jedes Ergebnis wird schriftlich festgehalten. Wenige Stichproben können bereits tiefe Erkenntnisse vermitteln. Unabhängig von den Risikofragen sind dieses ohnehin sinnvolle und notwendige Aufgaben, mit denen sich eine gute Unternehmensführung auseinandersetzen muss.

So einfach ist einfaches Risikomanagement.

25 *Verkauf – Marketing – Kunde*

„Das Wesentliche im Überfluss"
Adrian Stalder,
Hotel Saratz, Pontresina

Warum soll der Kunde mein Produkt kaufen?

Der **einfache Weg zum Kunden**: Ich interessiere mich für seine Themen und Probleme. Ich bin sein Treuhänder. Manche meinen, sie könnten die Erkenntnisse über ihre Kunden nur erfahren über Marktforschungen und Bundesstatistiken. Da wird etwa beklagt, dass die Ermittlungen von Marktvolumen und Marktdaten aus verschiedenen Quellen widersprüchlich seien. Im Markt von Glas, Keramik, Porzellan gebe es Unterschiede von 40 Prozent. Aber *warum* muss der Unternehmer das wissen? Selber denken, probieren, Hypothesen aufstellen und diskutieren – das wird die erforderlichen Erkenntnisse bringen, schneller, billiger, sicherer.

„Marketing ist Chefsache."
Helmut Maucher

Marketing ist mehr als Verpackungsgestaltung und Werbung. Marketing ist die Ausrichtung aller Unternehmensprozesse und aller Aktivitäten auf den Markt. So gelten Marketinggedanken auch für Teile des Rechnungswesens, etwa für die Bearbeitung von Rechnungsdifferenzen mit dem Kunden. Oder denken wir an die Informationstechnologie, die Voraussetzungen schaffen muss für ein funktionierendes Bestellsystem. Keine noch so schöne Werbung und Verpackung kann wieder gut machen, was ein schlechtes Bestands- und Bestellsystem verkorkst haben kann. Deshalb gehören die wichtigen Marketingentscheidungen in die Geschäftsleitungsrunden. **Marketing ist Chefsache und Sache aller Führungskräfte. Daher braucht das Unternehmen keine Marketingabteilung.**

Warum sind Discounter heute so erfolgreich?

Unternehmen wie Aldi, South-West-Airlines oder Dell-Computer ist gemeinsam, dass sie ihr Angebot reduzieren auf das Wesentliche, auf einen bestimmten minimierten Inhalt. In diesem Sinne heißt Discount einfach nur „etwas weglassen". Das ist eine zweckmäßige Definition des Begriffes Discount. Weniger Artikel oder weniger Service oder weniger Ambiente oder weniger Produktdifferenzierungen. Der Erfolg der Discounter liegt damit begründet im Zeitgeist, den die amerikanische Zukunftsforscherin Carrol Farmer als „less decade", das Jahrzehnt des „Weniger", bezeichnet[63].

Discountkonzepte ebenso wie ganz andere, exklusive Konzepte haben eines gemeinsam: sie pflegen die Kunst der *Konzentration*. So heißt das Konzept von Adrian Stalder für sein exklusives Ferienhotel Saratz im Engadin

„Nicht allen alles bieten. Sondern wenigen vieles."

Das Konzept der Discounter wie Aldi, South-West-Airlines oder Dell könnte lauten:

Nicht allen alles bieten. Sondern vielen weniges.

Bei Discountern, die ihr Geschäft beherrschen, gilt zudem eine kompromisslose Kundenorientierung. Darin zeigt sich ein radikales Marketingdenken wie es nicht alle Unternehmen der Markenartikelindustrie pflegen. Doch gibt es hier durchaus leuchtende Beispiele: wie Nestlé und Mercedes Benz. Klarheit im Konzept und Klarheit in den Zielen sind Bedingungen der Einfachheit.

Umsatzprovisionen nur für die Schwachen

Nur wenige Unternehmen verzichten auf eine erfolgsabhängige Bezahlung ihrer Verkäufer, ihres Außendienstes. Die Verkäufer erhalten meistens eine vom Umsatz mit den Kunden abhängige Provision. Solche meist komplizierte Anreizsysteme können aber auch gegen die Interessen der Kunden wirken. Wenn Unternehmen sich zum Ziel setzen, vertrauensvoll Angebote zum Nutzen seiner Kunden zu machen, darf denen die Ware nicht ins Haus gedrückt werden. Wenn die Unternehmensziele zu gemeinsamen Leitlinien aller Mitarbeiter werden, immer wieder in Besprechungen zum Schwerpunkt-thema gemacht werden, jeder also weiß, worauf es ankommt, dann braucht man diese Systeme nicht. Gute Chefs brauchen weniger Systeme; sie können ohne Umsatzprovisionen Bestergebnisse mit ihren Mitarbeitern erreichen. Aber auch Unternehmen mit einer starken Kultur und überzeugenden Zielen und Systemen können auf diese Anreizsysteme verzichten. Wo allerdings eine schwache Unternehmenskultur herrscht oder Chefs und Verkäufer tätig sind, die sich wenig enthusiastisch an gemeinsamen Zielen orientieren, dort kön-nen Umsatzprovisionen hilfreich sein.

Der einfache Weg zum Kunden

An einer Tankstellen–Waschanlage erlebte ich, wie den Wartenden die Möglichkeit gegeben wurde, auf einer Bank und einem Tisch aus einer Ther-moskanne Kaffee zu trinken. Der Unternehmer hat damit seine Kunden über-rascht und begeistert. Mit einfachsten Mitteln ohne Marktforschung und Cus-tomer Relationship Management. Der einfache Weg zum Kunden: Ich interes-siere mich für seine Themen. Ich bin sein Interessenvertreter, sein Treuhän-der. Das ist der Schlüssel.

Mit Customer Interaction Centern, Customizing, Enterprise-Marketing-Automation, Kundendatenbanken, Sales-Force-Automation oder Zielkunden-management läuft man am Kunden vorbei und bleibt Mittelmaß. Das ist die Sprache der modernen Professoren[64]. Damit setzt man allenfalls Komplexi-tätsprozesse in Gang. CRM wird in Verkauf und Vertrieb als die Zauberformel schlechthin gefeiert. Blödsinn! Propagiert wird auch ECR – Efficient Consu-mer Response. Blödsinn!

An einem Beispiel des Category Management (CM) – es gehört als Unter-abteilung zum Efficient Consumer Response (ECR) – soll gezeigt werden, wie man Themen nach dem Prinzip der Einfachheit behandelt und wie man es alternativ auch mit komplexen Mitteln tun kann:

Ziel: „Den Käseumsatz steigern" – eine Fallstudie

Erste – einfache Variante: so würde Aldi vorgehen:

1. Grundsätzliche Überlegung: Umsatzsteigerungen erreicht man, wenn es viele zufriedene Kunden gibt, die viel kaufen und auch immer wieder kommen.

2. Sodann würde Aldi überlegen, welche Käsesorten sinnvollerweise ins Sortiment gehören. Das wird bestimmt von der grundlegenden Unternehmensstrategie: in der Artikelzahl beschränktes Sortiment, stark nachgefragte Artikel des täglichen Grundbedarfs, beste Qualität.

3. Über die in Frage kommenden Artikel würde beraten werden, intern und mit einigen Lieferanten. Diese Artikel werden dann in einigen Läden über mehrere Wochen oder Monate getestet. Natürlich werden die Preise und besondere Werbemaßnahmen auch festgelegt.

4. Nach der Testperiode wertet man die Ergebnisse aus, prüft vielleicht noch andere Varianten und entscheidet dann über die Festlegung der Artikel für alle Läden.

Zweite – komplexe Variante: so gehen Globus und Arla Foods vor[65]:

Ausgangslage:

Globus, ein führendes SB-Warenhausunternehmen, Arla Foods, größtes europäisches Molkereiunternehmen und ACNielsen als Berater sehen im Category Management (CM) eine der tragenden Säulen des Efficient Consumer Response (ECR). Dabei geht es ihnen, geleitet von den Verbraucherbedürfnissen, um die Effizienzsteigerung und letztlich um die Ergebnisverbesserung. Berichtet wird, dass Globus und Arla Foods mit Unterstützung von ACNielsen einen pragmatischen Ansatz implementiert hätten, der Händler und Hersteller effizient zum Ziel führen soll.

So wird der Weg von den Beteiligten beschrieben:

1. Arla Foods führt eine repräsentative Befragung mit 1500 Einzelinterviews bei Käsekonsumenten durch. Damit gewinnt man detaillierte Erkenntnisse über das Verwendungs- und Kaufverhalten.

2. Man führt eine Abgrenzung und Segmentierung der Kategorie durch. Das ist die Basis für die Festlegung der Rolle (Pflicht) für die Kategorie „Käse SB".

3. Für die anschließende „Analyse der Kategorie" setzte Arla Foods den ACNielsen-Trade Planner ein. Mit diesem Tool wurden die Stärken, Schwächen, Chancen und Risiken der Kategorie aufgedeckt.

4. Bei der Analyse wurden als zentrale Kennziffern benutzt: das Kundenpotential (Umsatzbedeutung der Globus-Kunden an der Kategorie im Gesamtmarkt) und die Geschäftsstättenloyalität (Ausgabenanteil, den die Kunden bei Globus decken).

5. Diese Kennzahlen sind die Determinanten des Marktanteils von Globus. Anhand dieser beiden Erfolgsfaktoren teilt man die Kategorien und Segmente in vier Felder ein. Käse SB befand sich im Feld „überdurchschnittliches Kundenpotential", aber „unterdurchschnittliche Loyalität". Entsprechend ergab sich das Ziel: die Lücke in der Einkaufsstättentreue zu schließen. Als Strategie wurde festgelegt: „Erhöhung der Kundenfrequenz und Steigerung des Transaktionswertes".

6. Für die Verfolgung der Strategie standen die taktischen Maßnahmen der Sortiments- und Promotionsoptimierung im Vordergrund. Mit Hilfe des ACNielsen-Tools „Consumer Driven Assortment" wurde das verbraucherorientierte Sortiment – unter besonderer Berücksichtigung der Globus-Kunden – schnell ermittelt. Dabei werden mehrere entscheidungsrelevante Leistungskennziffern aus dem Haushalts- und Handelspanel in einer Scorecard zusammengespielt. Dabei standen drei Key Performance Indicators (KPI) im Mittelpunkt: Erhöhung der Käuferreichweite, Erhöhung der Ausgabenintensität und der Loyalität.

7. Unter Berücksichtigung der gewählten Strategie wurden der kumulierten Käuferreichweite und dem durchschnittlichen Abverkauf pro Markt auf Basis aller Einzelartikel die größte Gewichtung beigemessen. Der daraus resultierende Sortimentsvorschlag wurde mit Hilfe der Space-Management-Software in Planogramme umgesetzt.

8. Sodann wurde der Promotion Planner eingesetzt, um das optimale Promotion-Mix für die Kategorie zu bestimmen.

9. Mit Hilfe einer Ursachen-Wirkung-Analyse (multivariate Regression) wurden auf Basis von repräsentativen Scanner-Rohdaten die Absatz- und Umsatzeffekte der Aktionsmaßnahmen ermittelt. Nach Bereinigung um Einflüsse aus Saison, Trend, Geschäftsgröße, Geschäftsstandort und klassischer Werbung wurde die zusätzliche Abverkaufsleistung

von Handzetteln, Tageszeitungsinseraten, Display sowie Aktionspreis – aber auch Normalpreisreduktionen – quantifiziert.

10. Das Ergebnis war ein konkreter Promotion-Plan, der von den Absatzsteigerungseffekten der Marken, deren Kreuzbeziehungen untereinander sowie der Auswirkung auf die Kategorie Käse SB bestimmt wurde.

11. Schließlich wurden im Mai 2001 Testmärkte eingerichtet. Mit Spannung erwartet man die abschließenden Ergebnisse im vierten Quartal 2001.

Aldi und viele andere Unternehmen wurden erfolgreich vor der Erfindung von ECR und CM. Globus war bisher ein sehr erfolgreiches und führendes Unternehmen im Markt der SB-Warenhäuser. Neben SB-Käse gibt es dort noch Hunderte oder gar Tausende vergleichbarer Kategorien. Globus begibt sich jetzt mit den neuen wahnwitzigen Modellen zur Optimierung der Käseabteilung auf einen gefährlichen Pfad. Globus wird daraus lernen, Erfahrungen machen und für alle Zukunft geheilt sein. Sonst bliebe alles Käse.

Kundenorientierung: Das Detail ist wichtig

Das japanische Kaizen, das Prinzip, sich täglich zu verbessern, kann natürlich sehr wohl als Perfektion verstanden werden. Der Ausgangspunkt ist hier aber nicht die Angst oder eine Scheu vor Risiko, was letztlich zur Verlangsamung des Prozesses und zu Misserfolgen führt. Der Ausgangspunkt ist hier ein schneller Anfang und dann die spätere Verbesserung. Ein schneller Beginn braucht die feste Grundlage gut überlegter sinnvoller und handlungsorientierter Ziele. Wenn darüber Sicherheit besteht, so gelingt es auch, den groben Bogen vom Anfang bis zum Ende zu ziehen, um das gesamte Projekt möglichst weit zu überblicken. Wenn über die Ziele Sicherheit besteht, kann meistens leicht ein Versuch-und-Irrtum-Projekt gestartet werden, das im Verlaufe verbessert und den Gegebenheiten angepasst wird. Es wird also später perfektioniert. Bei dieser Weise des Herangehens wird auf umfangreiche Analysen verzichtet, die bereits den Start perfekt und fehlerfrei machen sollen und ihn damit hinauszögern.

Details sind wichtig. Diejenigen Unternehmen, die für sich und ihr

Geschäft das Wesentliche erkannt haben, können sich bei Verzicht auf viel Ballast um die Verbesserung des Wesentlichen kümmern. Das Wesentliche im Überfluss, wie es der Schweizer Hotelier Adrian Stalder für sein Hotel formulierte. Peter Maly, ein berühmter Möbel-Designer sieht es so: *„Je einfacher die Form, desto raffinierter müssen die Details sein."* Man kann von einigen „einfachen" Unternehmen wie Aldi und Ikea durchaus sagen, dass sie mit vielen Details überraschen, die zunächst keiner erwartet hätte. Das ist raffiniert. Das ist intelligente Perfektion.

So managen Sie einfach:

1. Fragen Sie sich: **„Warum soll der Kunde mein Produkt kaufen?"** Was ist mein konkretes Angebot? Was ist der konkrete Nutzen für meine Kunden? Was ist der Vorteil gegenüber dem Wettbewerb? Wenn Sie länger als 3 Minuten brauchen, diese Fragen zu beantworten, so haben Sie ein Problem. Vielleicht bieten Sie keinen besonderen Nutzen oder haben keinen Wettbewerbsvorteil. Vielleicht gibt es für die Kunden keine nennenswerten Argumente, bei Ihnen zu kaufen. Vielleicht ist Ihnen Ihr Ziel bisher nicht deutlich, weil Sie verschiedene Ziele hatten oder weil Sie keine verständliche Sprache zur Beschreibung Ihrer Ziele gewählt hatten.

2. Wichtiger als alles andere: **sich in die Lage des Kunden versetzen,** seine Rolle einnehmen, ihm zuhören. Und das sehr ernsthaft mit dem festen Willen, für ihn die beste Lösung zu finden; nicht für Ihr Quartalsergebnis.

3. Mut zur Preiserhöhung, Mut zu besonderen Qualitäten, **Mut zum Außergewöhnlichen.** Oft herrscht Angst. Beispiele beweisen: es geht mehr als man denkt.

26 *Einkauf*

Einkaufsbeziehungen gehören zu den komplexesten Verhältnissen in den Unternehmen. Warum? Weil es im Einkauf immer um die Alternative Vertrauen oder Pokern geht. Das Vertrauen fehlt oft. Man weiß nicht, ob man den besten Einkaufspreis erzielt hat, oder ob man dem Angebot des Lieferanten trauen kann. Das kann Misstrauen schüren.

Auf der Grundlage der Einfachheit jedoch haben sich die folgenden „weichen" Elemente gerade für den Einkauf bewährt:

▸ Vertrauen
▸ Zuverlässigkeit und Verlässlichkeit
▸ Glaubwürdigkeit
▸ Konsequenz
▸ Kooperation und Partnerschaft
▸ Gemeinsamer Nutzen statt Poker
▸ Zeit und Konzentration für das Wesentliche

So kann man Klarheit und Vertrauen gewinnen. In den Mittelpunkt der Verhandlungen kommen dann die Themen:

▸ Unternehmensziele der Verhandlungspartner
▸ deren Produktions- und Sortimentsprogramme, die man gegenseitig in kooperativem Verfahren optimieren kann

So kann man die Ergebnisse beiderseits verbessern und dabei auf komplexe Einkaufspreisgestaltungen verzichten.

Viele Unternehmen streben über Fusionen und Globalisierung „**Einkaufsmacht**" an. Die Fusion zwischen Campari und Cinzano sollte zur Erhöhung der Verkaufsmacht beitragen. Beide Unternehmen verloren ihre Einzigartigkeit. Jetzt kann der Handel das Gesamtpaket optimieren und die Marken gegeneinander nutzen. Ganz anders die Politik von Jägermeister, wo solche Fusionen abgelehnt wurden. In Wirklichkeit **kann eine vermeintliche Einkaufsmacht machtlos machen**, wenn die Verkaufsstärke geschwächt wird.

Die Verkaufsmacht ist die Fähigkeit, hohe Umsätze zu tätigen. Verkaufsmacht ist nicht die Folge der Einkaufsmacht. Die Hauptfaktoren der Verkaufsmacht sind andere wie Verkaufskonzept, Produkte, Qualitäten, Preise, Standorte, Marketing.

Über den Erfolg entscheidet die „klare Mission" und nicht die Komplexität der Lieferantenkonditionen.

So managen Sie einfach:

1. Das Verkaufskonzept, die *Marktorientierung bestimmt den Einkauf,* die Einkaufsbedingungen.

2. Vertrauen, Zuverlässigkeit, Verlässlichkeit, Glaubwürdigkeit, Kooperation und Partnerschaft sowie der gemeinsame Nutzen sind *tugendhafte und profitable Leitlinien für den Einkauf.* Der Poker gehört nach Wildwest.

3. *Den Lieferanten zum Treuhänder entwickeln, dem Kunden ein Treuhänder sein.* Vertrauen verringert Komplexität.

Teil 6

Anhang

Checkliste zur Selbstprüfung: Mache ich es einfach?

Wenn Sie bereits die Meisterschaft der Einfachheit erreicht haben, können Sie alle Fragen klar und eindeutig beantworten. Dann gibt es keine Hemmnisse mehr für einen sicheren Erfolg oder eine gesteigerte Effizienz Ihrer Aktivitäten.

Das klare Ziel

1. Welchen Sinn oder Zweck hat diese Aufgabe oder dieses Projekt? Was soll damit bewirkt werden?

2. Warum muss diese Arbeit gemacht werden?

3. Habe ich die Aufgabe klar, verständlich und eindeutig formuliert? So, dass es auch der Pförtner verstehen kann?

4. Ist das Ziel als Handlungsorientierung für die Beteiligten formuliert?

5. Gibt es einfache und klare Rahmenbedingungen?

6. Sind wenige allgemein gültige Werte und Überzeugungen formuliert?

Sind Sie irgendwo unsicher, so stellen Sie die Warum-Frage fünf mal: Fragen Sie fünf mal nach Sinn, Zweck und Ziel. Es ist egal, ob ein neuer Yoghurt produziert werden soll, eine neue Statistik erstellt wird oder ein Budget gemacht wird.
Die Schlüsselfrage zum Erfolg ist die „Warum-Frage".
Die richtigen Fragen sind wichtiger als die richtigen Antworten.

Die Vorgehensweise zur Praktizierung von Einfachheit

1. Habe ich den gesunden Menschenverstand, Phantasie und Erfahrung eingesetzt? Habe ich den Denkstil der Einfachheit genutzt?

2. Habe ich den Prozess so organisiert, dass Teilaufgaben von verschiedenen Mitarbeitern oder Abteilungen und Einrichtungen autonom bearbeitet werden können?

3. Habe ich Angst vor der Aufgabe?

4. Welches Risiko gehe ich ein?

5. Was kann ich tun, um das Risiko zu verringern oder mit anderen zu teilen?

6. Habe ich mich auf wenige Regeln konzentriert?

7. Werden Meetings genutzt um Lösungen und kreative Ideen zu finden und nicht, um Rechthabereien auszutauschen?

8. Habe ich mich gefragt, worauf ich verzichten kann?

Die notwendige Kontrolle

1. Weiß ich, wie ich den Fortschritt des Projektes kontrollieren kann?

2. Kann ich prüfen, ob die Handlungen jeweils am Ziel ausgerichtet sind, ob die notwendigen Schritte gegangen werden oder Überflüssiges getan wird?

3. Habe ich mir kreative Stichproben überlegt?

1. Haben die Beteiligten die Gelegenheit und die Freiheit zum Experimentieren? Wird die Methode „Versuch und Irrtum" eingesetzt? Fehler und Irrtümer sind ein Durchgangsstadium zur Erkenntnis. Spielen ist eine wichtige Methode zur Vorbereitung auf den Ernstfall.

2. Erlaube ich ihnen, auf Perfektion zu verzichten?

3. Wie werde ich umgehen mit Fehlern oder damit, wenn das Projekt nicht das erhoffte Ergebnis bringt?

4. Konnte ich den Beteiligten damit ihre Angst vor Fehlern und vor dem Scheitern nehmen und ihnen Mut zum Risiko vermitteln?

5. Arbeite ich möglichst viel mit der Fuzzy-Logic?

Wenn es schwer wird – wenn Sie unsicher sind, dann beherzigen Sie die Weisheit:

„Es gibt immer eine andere Möglichkeit"

Literatur- und Quellenverzeichnis zu Einfach managen

1 Thomas J. Neff & James M. Citrin, Von den Besten lernen, verlag moderne industrie, Landsberg/Lech, 2000
2 Wirtschaftswoche 14.12.00
3 Wirtschaftswoche 2.12.1999
4 manager magazin 9/00
5 Der Spiegel 12/2001
6 Bizz 5/2001
7 Siemens FuE Homepage im Internet
8 Niklas Luhmann, Vertrauen. Ein Mechanismus der Reduktion sozialer Komplexität, Enke Stuttgart, 1989
9 FAZ 3.6.1998
10 Der Spiegel 1/2001
11 Gerd Binnig, Aus dem Nichts. Über die Kreativität von Natur und Mensch, 2. A. 1997, Piper, München
12 Ahlemeyer, Königswieser, Komplexität managen. Strategien, Konzepte und Fallbeispiele, FAZ/Gabler 1998
13 Fredmund Malik, Strategie des Managements komplexer Systeme. Ein Beitrag zur Management-Kybernetik evolutionärer Systeme, Paul Haupt Bern und Stuttgart, 1984.
14 Wall Street Journal 21.10.1985: Ray Howard, Manager's Journal
15 Frederick P. Brooks Jr., The Mythical Man-Month, Addison-Wesley Publishing Co., 1982
16 Stuart Crainer, Die 75 besten Managementscheidungen aller Zeiten, Ueberreuter Verlag, Frankfurt 2000
18 Der Spiegel 52/2000
19 Vorwort zu McKinsey & Company, Inc., Günter Rommel / Felix Brück / Raimund Diederichs / Rolf-Dieter Kempis / Jürgen Kluge, Einfach überlegen, Schäffer – Poeschel Verlag Stuttgart, 1993
20 Die Zeit vom 2.7.1998
21 Kongressbericht Weltkongress für systemisches Management Mai 2001 in Wien, managerSeminare Juli 2001
22 Frederic Vester, Die Kunst vernetzt zu denken, Deutsche Verlags-Anstalt Stuttgart 2000
23 Die Zeit 5.10.2000

24 manager magazin 6/01
25 Wirtschaftswoche 2.12.1999
26 manager magazin 4/01
27 Fritz Riemann, Grundformen der Angst, Eine tiefenpsychologische Studie, Ernst Reinhardt Verlag München Basel, 1994
28 Manfred Gührs, Claus Nowak, Ein Leitfaden für Beratung, Unterricht und Mitarbeiterfüührung mit Konzepten der Transaktionsanalyse, Limmer Verlag 1991
29 Felix von Cube, Lust an Leistung – Die Naturgesetze der Führung
30 Fredmund Malik, Handelsblatt 29./30.9.2000
31 Lebensmittel Zeitung 16.3.2001
32 Hamburger Abendblatt 18.11.2000
33 Dietrich Dörner, Die Logik des Misslingens. Strategisches Denken in komplexen Situationen, Reinbek bei Hamburg, Rowohlt, 13. Auflage 2000
35 Michael Dell / Catherine Fredman, Direkt von Dell. Die Erfolgsstrategie eines Branchenrevolutionärs, Campus 1999
36 manager magazin 2/01
37 Süddeutsche Zeitung 27.2.1999
38 Bob Ortega, Der Gigant der Supermärkte, Ueberreuter Verlag Frankfurt, 1999
39 Wirtschaftswoche 2.11.00
40 Hermann Simon, Die heimlichen Gewinner, Hidden Champions, Campus Verlag, Frankfurt, 1996
41 Peter M. Senge, Die fünfte Disziplin, Klett-Cotta, Stuttgart
42 Frederick P. Brooks Jr., The Mythical Man-Month, Addison-Wesley Publishing Co., 1982
43 Welt am Sonntag 24/00.
44 Prof. Wolf Singer, Max-Planck-Institut, Der Spiegel 1/2001
45 manager magazin 1999
46 Welt am Sonntag 26.8.01
47 McKinsey, Lebensmittel Zeitung 6.7.2001
48 Fredmund Malik, Führen, Leisten, Leben, Wirksames Management für eine neue Zeit, DVA 2000
49 Hamburger Abendblatt 18.5.01
50 Lebensmittel Zeitung 29.5.01

51 Akademie für Innovation und Unternehmensdesign, Schloss Garath, Blick durch die Wirtschaft 21.6.1996
52 Hamburger Abendblatt 17.9.2001
53 Bill Breen, Fast Company, in Wirtschaftswoche vom 21.9. 2000
54 FAZ 15.8.2001
55 Die Zeit vom 21.9.2000
56 Dieter Wäscher, Blick durch die Wirtschaft 29.11.1996
57 FAZ 14.10.99
58 FAZ 28.12.99
59 Lebensmittel Zeitung 18.2.2000
60 Psychologie Heute, Juli 2001 Bericht über ein Feldexperiment der amerikanischen Forscher Sheena S. Iyengar und Mark R. Lepper (Originalstudien in Journal of Personality and Social Psychology, 6/2000).
61 Wirtschaftswoche 9.8.2001
62 Wirtschaftswoche 7.12.00
63 MMM-Kongreß 1994, München
64 Reinhold Rapp, Customer Relationship Management, Campus 2000
65 Lebensmittel-Zeitung 3.8.2001

Vielen Dank!

Ich bedanke mich bei den vielen ungenannten Autoren von Artikeln in Zeitungen und Zeitschriften, die mir mit ihren teils unglaublichen Beschreibungen der Komplexitäten unseres Lebens viel Material und viele Anregungen gaben. Froh bin ich auch über meine Begegnungen mit vielen Widersachern und Vertretern der Komplexität, die mich immer wieder herausforderten und meinen Blick für die Einfachheit schärften, die meine Leidenschaft für das Thema und teils meinen Zorn entfachten.

Dankbar bin ich meinem Coach, Dr. Monika Hykel für viele vertiefende Diskussionen, die immer wieder zur Klarheit über die Einfachheit führten; denn Einfachheit ist nicht immer einfach. Ich danke Jens Kähler, Willi Wetendorf und Nils Brandes für kritisches Lesen des Manuskripts. Und schließlich danke ich dem Wirtschaftsverlag Ueberreuter für seine unkomplizierte Begleitung zusammen mit der Lektorin, Ursula Artmann.

Dieter Brandes